化学实验室
安全基础与操作规范

主编　王鹤茹

WUHAN UNIVERSITY PRESS
武汉大学出版社

图书在版编目(CIP)数据

化学实验室安全基础与操作规范/王鹤茹主编.—武汉:武汉大学出版社,2022.12
ISBN 978-7-307-23496-3

Ⅰ.化⋯　Ⅱ.王⋯　Ⅲ.化学实验—实验室管理—安全管理　Ⅳ.O6-37

中国版本图书馆 CIP 数据核字(2022)第 248438 号

责任编辑:黄金涛　　　责任校对:李孟潇　　　版式设计:马　佳

出版发行:**武汉大学出版社**　(430072　武昌　珞珈山)
(电子邮箱:cbs22@whu.edu.cn 网址:www.wdp.com.cn)
印刷:湖北恒泰印务有限公司
开本:787×1092　1/16　印张:13.5　字数:267 千字　插页:1
版次:2022 年 12 月第 1 版　　2022 年 12 月第 1 次印刷
ISBN 978-7-307-23496-3　　定价:35.00 元

前　言

实验室是教学科研的重要基地，实验室安全是实验工作正常进行的基本保障。化学实验室经常会用到水、电、气、各种仪器以及易燃、易爆、有腐蚀和有毒的危险化学品，若不遵守安全操作规程，不仅会导致实验失败，还可能引起实验室事故，造成不可挽回的人身伤害和财产损失。因此，做好实验室安全教育工作、增强实验人员的安全防范意识、提高其安全知识水平是保障人员安全和实验安全的前提，掌握并遵循化学品及仪器设备的安全使用规程是避免实验室事故的前提。

本书从实验室安全角度出发，系统介绍了化学实验室的基本安全知识、危险化学品的储存和使用、常用设备的安全操作规程、个人防护措施等方面的知识，可作为环境科学与工程、材料科学、生命科学、化学化工等相关专业以及各实验室安全培训的教材。

本书共分为9章，第1章主要讲述化学实验室安全认识、化学实验室安全事件类型及案例分析；第2章介绍了实验室水、电、气及消防方面的安全知识；第3章介绍了个人防护用品的选择和使用；第4章重点介绍了危险化学品的分类、危害、储存及安全信息来源等内容；第5章介绍了化学实验室的基本安全操作；第6章和第7章分别介绍了化学实验室内常见设备及分析仪器的安全操作规范及使用注意事项；第8章主要介绍危险废弃物的分类、危害、储存与处置；第9章介绍了化学实验室的应急设施及紧急事故处理方法。

由于实验室安全知识体系庞大、专业性强，各部分知识零散繁杂，内容组织起来难度较大，加上编者水平和文字表达能力有限，错误和不妥之处在所难免，敬请读者批评指正。

编　者

2022 年 6 月

C O N T E N T S 目 录

第一章　化学实验室安全概述

实验室是进行教学实践和开展科学研究的重要场所，近年来，高校实验室安全事故时有发生，造成人员伤亡，因此强化实验人员的安全意识，丰富其安全知识，防止和减少实验室事故的发生尤为重要。

第一节　实验室安全的认识

事故是发生在人们的生产、生活活动中的意外事件，常常造成人身伤害或经济损失。美国数学家伯克霍夫（Berckhoff）认为，事故是人（个人或集体）在为实现某种意图而进行的活动过程中，突然发生的、违反人的意志的、迫使活动暂时或永久停止，或迫使之前存续的状态发生暂时或永久性改变的事件。

实验室安全事故是指因种种不安定因素在实验室引发的与人们的愿望相违背使实验操作发生阻碍、失控、暂时或永久停止并造成人员伤害或财产损失的意外事故。

德国飞机涡轮机的发明者帕布斯·海恩提出一个在航空界关于飞行安全的法则，即海恩法则（hain´s law）。该法则认为，每一起严重事故的背后，有29次轻微事故、300起未遂先兆事件以及1000起事故隐患。按照海恩法则分析，当一件重大事故发生后，我们在处理事故本身的同时，还要及时对同类问题的"事故征兆"和"事故苗头"进行排查处理，以此防止类似问题的重复发生，及时消除再次发生重大事故的隐患，把问题解决在萌芽状态。

也就是说，任何不安全事故都是可以预防的，我们不仅要需要抓好安全管理工作，还要提高实验人员的安全素质——安全意识、安全知识和安全技术，进而降低"海恩安全金字塔"（图1-1）最底层的事故隐患。

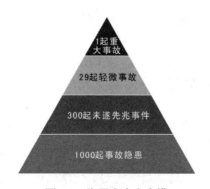

图1-1　海恩安全金字塔

札记

第二节　化学实验室安全事故类型

化学实验室中经常使用易燃易爆、有毒、腐蚀试剂、玻璃器皿、高压钢瓶以及高温高压电器设备，操作过程中极易发生事故，造成难以弥补的损失。根据事故原因进行分类，可将化学实验室安全事故分为以下几种类型。

一、火灾事故

造成这类事故的主要原因是实验室用电不当。供电线路老化超负荷运行、操作人员用电不慎或操作不当、违规处置危险化学品等均可能引起火灾。

二、水灾事故

实验室水道堵塞、水管及水龙头损坏、用水设备操作不当等可能导致实验室淹水。

三、爆炸事故

爆炸性事故多发生在具有易燃易爆物品和压力容器的实验室。违规使用气瓶、压力锅、危险化学品可能导致实验室爆炸。

四、机电伤人事故

在使用高温或高速旋转设备时，操作不当或缺少防护可能引起机电伤人事故。

五、危险化学品泄露、丢失或人身毒害事故

化学实验室需要使用各种各样的化学试剂，实验人员若不了解化学试剂的性质，错误操作可能引起爆炸或液体飞溅，从而造成人身伤害。若管理不当，易制毒、易制爆等管制类化学品可能会被用于歧途，危害社会。

六、环境污染事故

化学实验室产生的危险废弃物若不能有效回收和恰当处置则可能会污染环境。

第三节　化学实验室安全因素

化学实验室是一个复杂的场所，受到人、机、料、法、环等方面的特殊性影响，安全风险较大。因此，化学实验室的管理工作非常复杂，任一环节的安全管理稍有松懈就将可能发生安全事故。目前影响化学检测实验室安全的因素主要有以下几个：

一、人为因素

在实验室安全事故中人的因素占据主要地位。化学实验中实验室人员的精神状况、知识水平、操作能力、综合素质及安全意识等，都影响着实验能否顺利、安全的进行。所以人为因素是影响化学实验安全的主观因素，必须对其进行严格的控制和管理。

二、化学品因素

化学试剂因素是造成化学实验室安全事故的物质因素，也是影响化学实验室安全的主要因素。化学实验室中用到的化学试剂的性质千差万别，使用、处理不当则容易引起火灾、爆炸和中毒等安全事故。

三、实验设备因素

实验用到的各种仪器设备，若在运转过程中出现故障或操作失误，则可能引起火灾、爆炸和触电等各种安全事故。

四、操作方法因素

化学类实验中，操作方法因素也是影响实验室安全的一个主观因素，违反操作规程或者操作不当，会造成严重的安全事故，所以必须严格按照操作规程进行实验。

札记

五、环境因素

在化学实验中一些环境因素，如：实验环境、水、电、气等，都可能影响到实验室中各种仪器设备的正常运行，甚至造成意外伤害，是造成安全事故的间接原因。

第四节　实验室事故案例及分析

美国工程师爱德华·墨菲（Edward A. Murphy）提出著名的"墨菲定律"：如果有两种或以上选择去做某件事情，而其中一种选择将导致灾难，则必定有人会做出这种选择。它揭示了一种独特的社会及自然现象。它的极端表述是：如果坏事有可能发生，不管这种可能性有多小，它总会发生，并造成最大可能的破坏。或许这就解释了，为什么许多高校采取了严格的实验室管理措施，有时事故仍难以避免。"墨菲定律"忠告人们：面对人类的自身缺陷，我们最好还是想得更周到、全面一些，采取多种保险措施，避免偶然发生的人为失误导致的灾难和损失。如果真的发生不幸或者损失，关键在于总结所犯的错误，而不是企图掩盖它。下面列举一些已见诸媒体的实验室安全事故。

2021年3月31日，某科研所培养单位学生在实验过程中因操作不当，反应釜未冷却打开导致爆炸，致1位学生当场死亡。事故原因：反应釜未进行空冷。反应釜能够在高温高压下不爆的原因就是因为内部的合金垫片会在高温下膨胀，顶死釜盖，让釜盖和螺纹咬合得很紧，这样压力再高也不会爆，等温度降低了，金属回归正常的形状，便可安全打开。

2021年7月27日，某高校实验室在清理此前毕业生遗留物品时，一名博士生用水冲洗烧瓶内的未知白色固体，发生炸裂，炸裂产生的玻璃碎片刺穿该生手臂动脉血管。事故原因：导致炸裂的未知白色固体可能含有氢化钠或氢化钙，遇水发生剧烈反应而炸裂。

2018年12月26日，某高校实验室，学生在进行垃圾渗滤液污水处理科研实验期间，实验现场发生爆炸，事故造成3名实验学生死亡。事故原因：学生在使用搅拌机对镁粉和磷酸搅拌、反应过程中，料斗内产生的氢气被搅拌机转轴处金属摩擦、碰撞产生的火花点燃爆炸，继而引发镁粉粉尘云爆炸，爆炸引起周边镁粉和其他可燃物燃烧。在事故发生之前，实验室存放了 30 桶镁粉，40 袋水泥(每袋 25kg)，28 袋磷酸钠，8 桶催化剂，以及 6 桶磷酸钠。

2016 年 9 月 21 日，某高校化工与生物工程学院实验室 3 名研究生在进行氧化石墨烯实验时(3 人均未穿实验服，并未佩戴护目镜)，现场发生爆炸，事故致 3 人受伤，其中 2 人面部、眼部受重伤被送医救治。

2015 年 4 月 5 日，某高校化工学院实验室发生爆炸，致 1 人死亡，1 人重伤截肢，3 人耳膜穿孔和身体擦伤。发生爆炸的直接原因是违规配置试验用气，气瓶内甲烷含量达到爆炸极限范围，开启气瓶阀门时，气流快速流出引起的摩擦热能或静电，导致瓶内气体发生爆炸，导致事故发生；而实验人员在实验时操作不当，是事故发生的间接原因。

2012 年，某科研所实验室，实验人员将含有乙醇的物料放入鼓风烘箱烘干，引起烘箱爆炸着火。含有有机溶剂的样品，遇高温极易引起爆炸着火，绝不能放入烘箱中烘干。

2011 年 9 月 2 日，某高校 2 名研究生在做化学实验时，不慎遭遇爆炸受伤，原因是在做氧化反应实验时，添加双氧水、乙醇等速度太快，未按规定要求拉下通风橱门，且未穿戴个体防护装备。

2011 年 4 月 12 日，耶鲁大学一名女生晚上在实验室内操作机器时死亡。原因是未按要求将长发束起并戴安全帽，致使头发被车床绞缠，最终导致"颈部受压迫窒息身亡"。

2009 年 7 月 3 日，某大学化学系教师在实验过程中误将本应接入 307 室的一氧化碳气体接至 211 室输气管路，导致一位女博士中毒死亡。一连串低级错误导致了事故的必然发生：(1)室外气体库虽有专人管，但钥匙大家可借；(2)气体库中气瓶的摆放和标识不规范；(3)原先实验室搬迁后，原有的气体管路没有及时拆除或封口；(4)气体钢瓶连接管路后没有及时检漏；(5)开启一氧化碳总阀后没有立即做实验。

第二章 化学实验室基本安全知识

近年来，高校实验室安全事故频发，教育部多次重申，高校要加强实验室安全管理。化学实验室涉及危险化学品、材料复杂集中、开展实验的学生流动性大等因素，导致化学实验室安全风险客观存在。因此，实验管理人员及操作人员应不放过任何一个小隐患，避免疏忽，切实保障实验室相关人员的人身安全。本章阐述了化学实验室所涉及的基本安全知识，主要包括用水安全、用电安全、用气安全及消防安全等。

第一节　化学实验室基本安全守则

进入实验室或实验场地必须遵守实验室的各项管理规定，学习和掌握相关基本安全知识，以保障实验人员的安全。

（1）实验室内应保持安静、整洁，禁止在实验室内大声说话、游戏、打闹；禁止在实验室内进食饮水、吸烟，饮食用具不要带进实验室，以防毒物污染，离开实验室及饭前要洗净双手；禁止在实验室内睡觉。

（2）非实验人员不得随便入内，如遇陌生人员，应主动询问，劝其离开，不听劝告者应及时向实验中心或学院报告。

（3）非实验用品一律不准带进实验室。

（4）实验人员要衣着整齐，不得穿裙子、短裤、凉鞋、拖鞋；女性应将长发束起；实验时必须穿戴防护用品。

（5）除实验外，不准使用电炉、电暖器，各种油、气及酒精灯具。

（6）按操作规程使用实验设备；各实验室的仪器设备不得挪动、转移至其他房间，实验室内所有仪器设备、化学品、书籍不得私自带离实验室。

（7）使用化学试剂前，须认真学习化学品安全技术说明书。

（8）水槽内严禁堆放物品；禁止向水槽内倾倒杂物和强酸强碱及有毒有害试剂；实验产生的危险废弃物应收集在专用的容器中，并贴上标签，放置在指定地点，统一回收处理。

（9）实验室钥匙借用人员应确保钥匙安全，不得转交他人，任何人不得擅自配备实验室钥匙；若遗失钥匙，应及时汇报。

（10）实验时应控制个人情绪，集中注意力，按正确步骤操作，不可过于自信，养成良好的实验习惯。

札记

（11）离开实验室前，要切断电源、水源、气源，关好门窗，保管好贵重物品，清理实验用品和场地。

第二节 化学实验室用水安全

自来水是实验室最常用的水，一般器皿的清洗、冷却水等均使用自来水。使用自来水需注意：水龙头或水管漏水、下水道排水不畅时，应及时修理和疏通；冷却水的输水管必须使用橡胶管，不得使用乳胶管，上水管与水龙头的连接处及上水管、下水管与仪器或冷凝管的连接处必须用管箍夹紧，下水管必须插入水池的下水管中。

实验用水是由普通水（如自来水）经蒸馏、反渗透、电渗析、微孔过滤、去离子等方法制备得到，在实验室用于试剂配制、样品浸提、器皿洗涤、分析测试和生物培养等。按照纯度级别由低到高的顺序，实验用水可分为纯水、去离子水、二级纯水和超纯水。实验过程中，应根据实验内容和需求选取纯度合适的实验用水。实验用水标准可参照国家标准《分析实验室用水规格和试验方法》（GB/T 6682—2008）。

纯水是由单一弱碱性阴离子交换树脂、反渗透或单次蒸馏制得，可将水中盐类（主要是溶于水的强电解质）除去或降低到一定程度，其电导率在 $1.0 \sim 50 \mu S/cm$ 之间。纯水制备装置简单，价格便宜，但极其耗能和费水，且出水速度慢。常用于实验器皿的清洗、水浴、高压灭菌锅用水以及超纯水系统的进水。

去离子水是指利用离子交换树脂除去了呈离子形式杂质后的纯水，其电导率通常在 $0.1 \sim 1.0 \mu S/cm$ 之间。去离子水一般用于实验室的常规实验、配制试剂、稀释样品和清洗玻璃器皿等。使用时需注意，去离子水中仍然存在可溶性的有机物，存放后易引起细菌繁殖。

二级纯水可用多次蒸馏或离子交换等方法制取，也可通过反渗透、电去离子等多种技术制得，其电导率小于 $1.0 \mu S/cm$，总有机碳含量小于 $50 \mu g/L$，细菌含量低于 1CFU/mL。可用于试剂的配制和稀释，如缓冲液、pH 溶液及微生物培养基的制备；为超纯水系统、培养箱供水；也可为化学分析或合成制备试剂。

超纯水可整合吸附过滤、反渗透净化和树脂离子交换等技术制得，其电阻率为 $18.2 M\Omega \cdot cm$，总有机碳含量小于 $10 \mu g/L$，滤除 $0.1 \mu m$ 甚至更小的颗粒，细菌含量低于 1CFU/mL。超纯水往往用于严格的实验应用，如高效液相色谱仪流动相制备、气相色谱仪空白样制备和样品稀释、电感耦合等离子体质谱等高精度分析仪器用水；也可用于分子生物学试剂制备、电泳及杂交实验溶液配制等。

各级用水均放置在密闭、专用聚乙烯容器中，三级水也可使用空闭的、专用玻璃容器。一级水不可储存，临使用前制备；二级水、三级水可适量制备储存。

使用超纯水仪时，应按照操作规程进行操作，同时需注意以下几点：

（1）取水时，实验人员不应离开，需随时观察取水量，及时关闭取水开关，防止溢流。

（2）不可在超纯水终端过滤器后连接软管，以保证获得高纯度的超纯水。

（3）原则上，超纯水仪应每 7~10 天通水一次，以防微生物污染。

（4）超纯水仪在长期不使用的情况下，应关闭所有电源及开关，并排空压力储水桶内的 RO 水，以防污染。

（5）每次启动或停机时，保证在进水压力小于 0.4MPa 的条件下冲洗 10 分钟。

（6）在断电或电源开关关闭的状态下，方可装载或者更换纯化柱，并且在更换前核对其规格型号是否与本机性能要求相符。

（7）为抑制藻类生产，应避免使用半透明的水箱和管道，而且避免将储水箱安装在阳光直射或靠近热源的位置。

（8）超纯水仪工作时严禁移动，避免坚硬的物体撞击到仪器。

第三节　化学实验室用电安全

违章用电常常可能造成人身伤亡、火灾、损坏仪器设备等严重事故。化学实验室使用电器较多，特别要注意安全用电。为了保障人身安全，实验人员一定要遵守实验室用电安全规则。

一、防止触电

（1）不用潮湿的手接触电器；严禁使用水槽旁的电器插座（防止漏

电或感电)。

(2)电源裸露部分应有绝缘装置(例如电线接头处应裹上绝缘胶布)。

(3)所有电器的金属外壳都应保护接地。

(4)实验时,应先连接好电路后才接通电源。实验结束时,先切断电源再拆线路。

(5)修理或安装电器时,应先切断电源。

(6)不能用试电笔去试高压电。使用高压电源应有专门的防护措施。

(7)如有人触电,应迅速切断电源,然后进行抢救。

二、防止引起火灾

(1)实验室内的电气设备的安装和使用管理,必须符合安全用电管理规定,大功率实验设备用电必须使用专线,严禁与照明线共用,谨防因超负荷用电着火。使用的保险丝要与实验室允许的用电量相符。

(2)实验室用电容量的确定要兼顾事业发展的增容需要,留有一定余量。不得乱拉乱接电线。

(3)实验室内的用电线路和配电盘、板、箱、柜等装置及线路系统中的各种开关、插座、插头等均应经常保持完好可用状态,熔断装置所用的熔丝必须与线路允许的容量相匹配,严禁用其他导线替代。

(4)可能散布易燃、易爆气体或粉体的建筑内,所用电器线路和用电装置均应按相关规定使用防爆电气线路和装置。

(5)对实验室内可能产生静电的部位、装置要心中有数,要有明确标记和警示,对其可能造成的危害要有妥善的预防措施。

(6)实验室内所用的高压、高频设备要定期检修,要有可靠的防护措施。凡设备本身要求安全接地的,必须接地;定期检查线路,测量接地电阻。

(7)实验室内不得使用明火取暖,严禁抽烟。必须使用明火实验的场所,须经批准后,才能使用。

(8)如遇电线起火,立即切断电源,用沙或二氧化碳、四氯化碳灭火器灭火,禁止用水或泡沫灭火器等导电液体灭火。

三、防止短路

（1）线路中各接点应牢固，电路元件两端接头不要互相接触，以防短路。

（2）电线、电器不要被水淋湿或浸在导电液体中，例如实验室加热用的灯泡接口不要浸在水中。

（3）在电器仪表使用过程中，如发现有不正常声响，局部温升或嗅到绝缘漆过热产生的焦味，应立即切断电源，并报告工程师进行检查。

第四节　化学实验室用气安全

实验室使用的气体种类较多，主要有氢气、氮气、氩气、氧气、压缩空气及乙炔等，它们通常储存于气体钢瓶内。这些气体有些属于可燃气体、助燃气体、有毒气体等，在使用过程中存在大量的不安全因素，使用时需注意以下几点。

（1）气体钢瓶直立放置时要稳妥，有专用支架固定；远离热源，避免曝晒和强烈振动；可燃性气瓶和氧气瓶不能同存一处。

（2）压力气瓶上选用的减压阀要分类专用，安装时螺母要旋紧，防止泄漏。可燃性气体的钢瓶气门螺丝为反丝，其他为正丝。

（3）开关减压阀和总阀时，动作必须缓慢。逆时针方向为开启钢瓶，先开总阀，后开减压阀；顺时针方向为关闭钢瓶，先关总阀，后关减压阀。切不可只关减压阀，不关总阀。

（4）使用压力气瓶时，操作人员应站在与气瓶接口处垂直的位置上。操作时严禁敲打撞击，并经常检查有无漏气，应注意压力表读数。

（5）不可将各种油脂和易燃有机物沾到钢瓶上，操作人员不可穿戴易感应产生静电的服装手套操作钢瓶，以免引起燃烧或爆炸。

（6）瓶内气体不得用尽，必须留有剩余压力或重量，以防空气进入，导致充气时发生危险。一般情况下，惰性气体应剩余 0.05MPa 以上压力的气体；可燃气体应剩余 0.2Mpa 以上压力的气体；氢气应剩余 2.0MPa 以上压力的气体。

（7）使用中的气瓶每三年检查一次，装腐蚀性气体的钢瓶每两年检查一次，不合格的气瓶不可继续使用。

第五节 化学实验室消防安全

实验室是进行教学、科研工作的重要场所。化学实验室涉及易燃、易爆危险化学品以及烘箱、马弗炉、通风橱、冰箱、气体钢瓶等有火灾和爆炸危险性的仪器，火灾致因多、风险高。如果管理不规范，极易导致火灾或爆炸事故，造成人员伤害及财产损失，可以说，实验室消防安全是实验室安全管理工作的重中之重。

所以，实验室需配备必要的消防器材，实验室人员要学会使用消防器材。消防器材要放在明显和便于取用的位置，周围不得堆放杂物，严禁将消防器材移作别用。实验室内各种仪器设备应放置合理、整齐，且使用方便、安全、可靠，室内禁止放置与实验室无关的物品。保持实验室环境整洁，走道畅通，未经保卫部门同意，严禁占用走道堆放物品。

一、火灾的分类

根据国家标准《火灾的分类》(GB/T 4968—2008)，火灾分为 A、B、C、D、E、F 六大类。

A 类火灾是指固体物质火灾，通常是指在燃烧时能产生灼热余烬的有机物，如木材、纸张、棉、麻、干草等。

B 类火灾是指液体或可熔化固体火灾，如乙醇、煤油、柴油、石油醚、沥青、石蜡、塑料等。

C 类火灾是指气体火灾，如天然气、乙炔、甲烷、乙烷、丙烷、一氧化碳、氢气等。

D 类火灾是指金属火灾，如金属钾、金属钠、金属镁、铝镁合金等。

E 类火灾是指带电火灾，如正在运行的电脑、服务器、变压器及电子设备等。

F 类火灾是指烹饪器具内的烹饪物火灾，如动物油脂、植物油脂等。

实验室发生火灾时，一定要根据火灾类型施放合适的灭火剂，方可扑灭火灾，否则，轻则灭火剂无效不能扑灭火灾，重则导致火灾进一步扩大乃至产生爆炸。

二、爆炸的分类

爆炸是某一物质系统在发生迅速的物理变化或化学反应时，系统本身的能量借助于气体的急剧膨胀而转化为对周围介质做机械功，通常同时伴随有强烈放热、发光和声响的效应。

按照爆炸的性质不同，爆炸可分为物理性爆炸、化学性爆炸和核爆炸。

1. 物理性爆炸

物理性爆炸是由物理变化（温度、体积和压力等因素）而引起的，在爆炸的前后，爆炸物质的性质及化学成分均不改变。锅炉、气体钢瓶等爆炸均属于物理爆炸。发生物理性爆炸时，气体或蒸汽等介质潜藏的能量在瞬间释放出来，会造成巨大的破坏和伤害。虽然物理爆炸本身没有燃烧反应，但其产生的冲击力可能直接或间接地造成火灾。

2. 化学性爆炸

化学爆炸是由物质本身发生化学反应，产生大量气体，并使温度、压力增加或两者同时增加而形成的爆炸现象。主要有两类：一类是爆炸性物品的爆炸，即某些物质的分解爆炸，如乙烯、环氧乙烷等分解性气体或某些炸药引起的爆炸等；另一类是气体混合物的爆炸，即可燃物与氧化剂急剧结合产生的氧化反应，如可燃气体、蒸汽或粉尘与空气形成的混合物遇火源引起的爆炸等。后一类爆炸引发的事故较多，应属防范重点。

3. 核爆炸

由物质的原子核在发生"裂变"或"聚变"的连锁反应瞬间放出巨大能量而产生的爆炸，如原子弹的核裂变爆炸、氢弹的核聚变爆炸就属于核爆炸。

此外，还可按照爆炸反应的相的不同，爆炸可分为气相爆炸、液相爆炸和固相爆炸。部分由固体和液体接触而引起的爆炸既属于液相爆炸又属于固相爆炸。

1. 气相爆炸

气体的分解爆炸、飞扬悬浮于空气中的可燃粉尘引起的爆炸、可燃性气体和助燃性气体混合物的爆炸、液体被喷成雾状物引起的爆炸（可称为喷雾爆炸）等均属于气相爆炸。例如，空气和氢气、丙烷、乙醚等混合气的爆炸；油压机喷出的油雾、喷漆作业引起的爆炸；空气中飞散的铝粉、镁粉、亚麻、玉米淀粉等引起的爆炸;氯乙烯分解引起的爆炸等。

2. 液相爆炸

蒸发爆炸、聚合爆炸以及由不同液体混合所引起的爆炸等均属于液相爆炸。例如,由于过热发生快速蒸发引起的蒸汽爆炸;熔融的矿渣与水接触或钢水包与水接触时引起的爆炸;硝酸和油脂,液氧和煤粉等混合时引起的爆炸等。

3. 固相爆炸

固相爆炸包括爆炸性化合物及其他爆炸性物质的爆炸(如乙炔铜的爆炸),导线过载过热引起金属迅速气化而引起的爆炸等。

三、实验室灭火器的选用

灭火器的种类很多,按其移动方式可分为手提式和推车式;按驱动灭火剂的动力来源可分为储气瓶式、储压式和化学反应式;按所充装的灭火剂成分可分为泡沫型、干粉型、卤代烃型、二氧化碳型、酸碱型、水型等。

选择灭火器类型时,可根据燃烧物 SDS(Safety Data Sheet,化学品安全技术说明书)上标明可使用的灭火剂确定使用灭火器的型号。例如,丙酮的 SDS 上标明适用灭火剂为抗溶性泡沫、二氧化碳、干粉、砂土,则说明可以使用抗溶性泡沫灭火器、二氧化碳灭火器、干粉灭火器以及砂土扑灭丙酮火灾。需注意的是,D 类火灾必须使用专用的灭火器,如7150 灭火剂(特种灭火剂,其主要成分为偏硼酸三甲酯)。实验室内一般使用干燥的砂土扑灭 D 类火灾。

实验室配置灭火器时,应根据实验室内存放的化学品选择适用的灭火剂进行搭配,应能够覆盖该实验室内所有类型的火灾,且一旦发生火灾,实验室内人员必须准确告知起火物质,以便正确、有效地处置。

表 2-1   **火灾种类及灭火器选择表**

火灾种类	灭火器选择种类
A 类火灾 (固体物质火灾)	磷酸铵盐灭火器
	泡沫型灭火器
	水型灭火器
	卤代烷型灭火器

火灾种类	灭火器选择种类
B 类火灾 （液体或可熔化固体火灾）	碳酸氢钠和磷酸铵盐灭火剂等干粉类的灭火器 二氧化碳灭火器 泡沫型灭火器 卤代烷型灭火器
C 类火灾 （气体火灾）	碳酸氢钠和磷酸铵盐灭火剂等干粉类的灭火器 二氧化碳灭火器 卤代烷型灭火器
D 类火灾 （金属火灾）	专用的干粉灭火器
E 类火灾 （带电火灾）	磷酸铵盐灭火器 二氧化碳灭火器 卤代烷型灭火器
F 类火灾 （烹饪器具内的烹饪物火灾）	碳酸氢钠干粉灭火器 泡沫型灭火器

灭火器的设置也需注意，灭火器的设置位置应明显、醒目、便于取用且不影响疏散，不可将灭火器放置在试剂柜顶或设备后侧等不易看到和取用的位置；灭火器在设置时应铭牌朝外，从而使人们能够经常看到铭牌，了解灭火器的性能，熟悉灭火器的用法；灭火器的设置高度（即灭火器顶部离地面的距高和灭火器底部离地面的距高）应在 0.08～1.5m 之间；灭火器应按制造厂规定的要求和检查周期进行定期检查。

四、实验室常见消防器材的使用

消防器材种类繁多，功能齐全，在日常生活中，我们应该熟知常见消防器材的作用，同时注意观察所处环境的消防通道。实验室内不仅应设置不同类型的灭火器，还应设置沙箱、灭火毯、消火栓等消防器材，实验人员应提前学习、演练，掌握各种消防器材的使用方法。常见消防器材的使用方法列于表 2-2 中。

札记

表 2-2　　　　　　　　　常见消防器材的使用方法

灭火器材	适用范围	使用方法	注意事项
水基型泡沫灭火器(又称机械泡沫灭火器)	适用于扑救 B 类物质,如汽油、煤油、柴油、植物抽、油脂等引起的初起火灾,也可用于扑救 A 类物质,如木材、竹器、棉花、织物、纸张等引起的初起火灾。其中,抗溶泡沫灭火器能移扑救极性溶剂如甲醇、乙醚、丙酮等火灾。泡沫灭火器不能扑救带电设备火灾和轻金属火灾。	1. 右手提着灭火器到现场。距离火源 6~10 米时,拔掉保险销。 2. 一手握住开启压把,另一手握住喷枪,紧握开启压把,将灭火器密封开启,空气泡沫即从喷枪喷出。 3. 泡沫喷出后,应对准燃烧最猛烈处喷射。	1. 使用过程中,应始终手握开启压把不能松开,灭火器也不能倒置或横卧使用,否则会中断喷射。 2. 如果扑救的是可燃液体火灾,当可燃液体呈流淌状燃烧时,喷射的泡沫应由远而近地覆盖在燃烧物体上,避免将泡沫直接喷射在可燃液体表面上,以防止射流的冲击力将可燃液体冲出,将火势扩大。
干粉灭火器	可扑灭一般的火灾,还可扑灭油、气等燃烧引起的失火。主要用于扑救石油、有机溶剂等易燃液体、可燃气体和电气设备的初期火灾。	1. 取下灭火器,上下摇晃几次,提着灭火器到现场。 2. 距离火源 2~3 米处,拔掉保险销。 3. 一只手握着喷管,另一只手提着压把。 4. 根据风向,站在上风位置,对准火苗的根部,用力压下压把,拿着喷管左右摆动,喷射干粉覆盖整个燃烧区。	1. 不能颠倒使用,使用前先摇晃,以免灭火器的干粉积淀成块,无法完全喷出。 2. 喷射干粉时要扫射,并防止复燃。

续表　　　　**札记**

灭火器材	适用范围	使用方法	注意事项
二氧化碳灭火器	用来扑灭图书、档案、贵重设备、精密仪器、600伏以下电气设备及油类的初起火灾。适用于扑救一般B类火灾，如油制品、油脂等火灾，也可适用于A类火灾。 不能扑救B类火灾中的水溶性可燃、易燃液体的火灾，如醇、酯、醚、酮等物质火灾；不能扑救带电设备及C类和D类火灾。	1. 拔掉保险销，一只手握住喇叭筒根部的手柄，另一只手紧握启闭阀的压把。没有喷射软管的二氧化碳灭火器，应把喇叭筒往上扳70~90度。 2. 将射流对准燃烧物，按下压把即可进行灭火。	1. 二氧化碳由液态变为气态时，大量吸热，温度极低（可达到−80℃），因此使用二氧化碳灭火器时不能直接用手抓住喇叭筒外壁或金属连接管，防止手被冻伤。 2. 在室外使用时，应选择上风方向喷射；在室内窄小空间使用时，灭火后操作者应迅速离开，以防窒息。
室外消火栓 室外消火栓	用于供消防车从市政给水管网或室外给水管网取水实施灭火，也可直接连接水带、水枪，出水灭火。	1. 打开消火栓门，取出水枪、水带。 2. 一人接好枪头和水带奔向起火点。 3. 另一人将水带的另一端接在和栓头铝口上。 4. 逆时针打开阀门，握紧水枪，将水枪对准火根部位，出水灭火。	1. 应先检查是否断电，断电后方可进行施救。 2. 向火场方向铺设水带时，避免扭折。 3. 防止水枪与水带、水带与阀门脱开，造成高压水伤人。

续表

灭火器材	适用范围	使用方法	注意事项
消防沙箱	沙箱里的干沙可用于扑救油类火灾、金属起火以及地面流淌火。	1. 在火源上风处，距离火源不低于0.5米，用干沙先隔离可燃物，再从火源一侧向另一侧平铺过火区域。 2. 火源控制后，继续用沙均匀覆盖，直到没有火星和冒烟为止。 3. 大火后，将表面抚平，尽可能地将燃烧物与空气隔绝。 4. 确认火种熄灭后，打扫干净现场。	1. 消防沙需要保持干燥。 2. 切勿将烟头、纸屑等杂物丢入其中。
灭火毯	适用于扑救小型初期火灾，也可披盖在自己身体上用于逃离火场。	1. 双手握住两根拉带，将灭火毯从包装中拉出。 2. 使灭火毯完全覆盖在火源上，同时切断电源或气源，直至火源完全熄灭。 3. 待冷却后取下灭火毯。	灭火毯在无破损的情况下可重复使用。

五、化学实验室常见火灾扑救方法

（1）电路或电器着火时扑救的关键首先要切断电源，再灭火；无法断电的情况下，禁止用水等导电液体灭火，应用干沙或二氧化碳灭火，也可使用干粉灭火器灭火。

（2）精密电子实验设备起火，使用二氧化碳灭火器灭火。

（3）化学物质起火，根据化学性质使用对应类型的灭火器灭火。

（4）当钾、钠或锂着火时，不能用水、泡沫灭火器、二氧化碳、四氯化碳等灭火，可用石墨粉或干沙扑灭。

（5）有机溶剂在桌上或地上蔓延燃烧时，可用石棉布、干沙或灭火毯扑灭，不可用水，否则会扩大燃烧面积。

（6）可燃液体起火时，应立即拿开着火区域内的一切可燃物质，关闭通风器，防止扩大燃烧。若着火面积较小，可用湿布、铁片或干沙覆盖，隔绝空气使之熄灭。但覆盖时要轻，避免碰坏或打翻盛有易燃溶剂的玻璃器皿，导致更多的溶剂流出而扩大着火面积。

（7）衣服着火时，切勿慌张奔跑，因为这会引起空气的迅速流动而加强燃烧，应立即脱下衣物；若无法脱下，可卧倒打滚，这样一方面可压熄火焰，另一方面也可避免火烧到头部。

第三章　化学实验室的个人防护

化学实验室是提供化学实验条件及进行科学探究的重要场所，对教育、科学发展起着至关重要的作用。由于化学实验室内经常使用到种类繁杂的化学品、高/低温设备以及高压/真空设备，存在异物冲击、化学品灼伤、中毒等风险因素，因此，实验人员不可放松警惕，要在实验过程中做好全程防护，确保人身安全。本章主要介绍化学实验室个人防护用品的类别及其作用。

第一节 实验室个人防护用品的分类及作用

个人防护装置（Personal Protective Equipment，PPE）用于防止工作人员受到生物性、化学性和物理性等危害因子伤害的器材和用品。这些器材和用品主要是保护实验人员免于感染性材料各种方式的暴露，避免实验室相关感染。

化学实验室中个人防护用品可分为眼部防护用品、呼吸系统防护用品、手部防护用品、耳部防护用品、身体及足部防护用品。

第二节 眼部防护用品

眼睛及脸部是实验过程中最易被伤害的部位，实验中粉尘、烟雾、飞屑、喷溅和化学品都有伤害眼睛和脸部的可能，因而对眼睛及脸部的保护尤为重要。化学实验室内，实验人员必须佩戴安全防护眼镜、防化学物眼罩或面罩。

化学实验室内常用的护目镜和面罩（图3-1）由聚合物制成，具有透明度高、重量轻、抗冲性好、耐一定的高温和腐蚀溶液等特点，可有效阻止颗粒物、飞溅液体、高速粒子、金属熔融物、化学品和热固体的喷溅及撞击。包裹型护目镜主要用于防御有刺激或腐蚀性的溶液对眼睛的化学损伤，佩戴包裹型护目镜时，可同时佩戴近视眼镜。防冲击护目镜主要用于防御金属或砂石碎屑等对眼睛的机械损伤，眼镜片和眼镜架应结构坚固，抗打击。防护面罩是用来保护面部和颈部免受飞来的金属碎屑、有害气体、液体喷溅、金属和高温溶剂飞沫伤害的用具。

札记

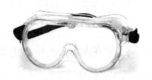 

(a)包裹型护目镜　　　　(b)防冲击护目镜　　　　(c)防护面罩

图 3-1　化学实验室常用的眼部防护用品

第三节　呼吸系统防护用品

呼吸系统防护用品又称呼吸系统保护装置，是为保护佩带者的呼吸系统，阻止粉尘或烟或气体、蒸汽、微生物的吸入，防止职业危害的个体防护装备。

化学实验室常用的口罩或面具包括活性炭口罩、防尘口罩、防毒面罩(图 3-2)。

(a)活性炭口罩　　　　　　　　(b)无呼吸阀式防尘口罩

(c)呼吸阀式防尘口罩　　　　　　(d)防毒面罩

图 3-2　化学实验室常用的呼吸系统防护用品

活性炭口罩可防止吸入空气中大颗粒粉尘、阻隔少量化学品喷溅入口鼻和吸附少量苯、氨、甲醛等挥发性物质。防尘口罩大多采用内外两层无纺布，中间一层过滤布(熔喷布)构造而成，熔喷布具有本身带静电的特点，可以吸附体积极小的微粒。防毒面罩可保护人的呼吸器官、眼睛和面部，防止毒气、粉尘、细菌、有毒有害气体或蒸汽等有毒物质的伤害，与活性炭口罩和防尘口罩相比，防毒面罩的保护性更好、过滤能力更强。

第四节 手部防护用品

在化学实验室，手部常会接触各种化学品以及高温、低温、尖锐物体，为了防止手部受到伤害，可根据需要选戴不同类型的防护手套(图 3-3)。

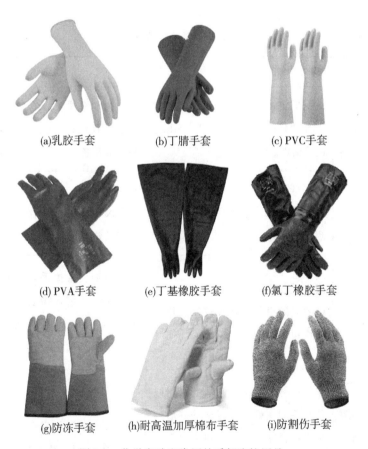

(a)乳胶手套　(b)丁腈手套　(c) PVC手套
(d) PVA手套　(e)丁基橡胶手套　(f)氯丁橡胶手套
(g)防冻手套　(h)耐高温加厚棉布手套　(i)防割伤手套

图 3-3　化学实验室常用的手部防护用品

接触高温物体时，应佩戴以厚皮革、特殊合成涂层、绝缘布、玻璃棉制成的防热手套；接触低温物质（如液氮、干冰）时，应选用低温防冻手套；接触边缘尖锐的物体（如碎玻璃、木材、金属碎片）或操作具有割伤风险的设备时，应佩戴由高强高模聚乙烯纤维制成的防割伤手套；在接触化学品时，可佩戴乳胶、丁腈、聚氯乙烯（PVC）、聚乙烯醇（PVA）、丁基橡胶或氯丁橡胶手套。

其中，乳胶手套和丁腈手套较轻便，佩戴后手指灵活性较高，可使用于对手指触感要求高的实验。但在使用脂溶性有机试剂时，乳胶手套提供的保护有限，此时，丁腈手套可提供更好的化学防护能力。然而乳胶手套和丁腈手套均不足以应对强酸、强碱等腐蚀性化学品，PVC、PVA、丁基橡胶和氯丁橡胶手套则能提供较好的防腐蚀性各类防护手套的优缺点如表3-1所示。

表3-1 　　　　　　　　　　　各种手套的优缺点

材质	优点	缺点
乳胶	成本低、物理性能好，重型款式具有良好的防切割性，以及出色的灵活性。	对油脂和有机化合物的防护性较差，有蛋白质过敏的风险。易分解和老化。
丁腈	成本低、物理性能出色、灵活性良好，耐划、耐刺穿、耐磨损和耐切割性能出色。	对很多酮类、一些芳香族化学品以及中等极性化合物的防护性能较差。
聚氯乙烯（PVC）	成本低，物理性能不错，过敏反应的风险最低。具有较强的化学抗性和防静电性能。	有机溶剂会洗掉手套上的增塑剂，在手套聚合物上产生分子大小不同的"黑洞"，从而可能导致化学物质的快速渗透。
聚乙烯醇（PVA）	非常坚固，具有高度的耐化学性；物理性能良好，具有良好的耐划破、耐刺穿、耐磨损和耐切割的性能。	当接触到水和轻醇时会很快分解；与很多其他耐化学性手套相比不够灵活；成本高昂。

续表

材质	优点	缺点
丁基橡胶	灵活性好，对于中级极性有机化合物，如苯胺和苯酚、乙二醇醚、酮和醛等，具有出色的抗腐蚀性。	对于包括碳氢化合物、含氯烃和含氟烃等非极性溶剂的防护性较差；成本昂贵。
氯丁橡胶	抗化性良好。对油性物、酸类（硝酸和硫酸）、碱类、广泛溶剂（如苯酚、苯胺、乙二醇）、酮类、制冷剂、清洁剂的抗化性极佳。物理性能中等。	抗钩破、切割、刺穿，耐磨性不如丁腈或乳胶。不建议使用于芳香族有机溶剂；价格较高。

手套的正确选择与使用，直接关系到手部健康。在选择与使用过程中要注意以下几点：

（1）根据使用场景选用的手套，需具有足够的防护作用；

（2）使用前要检查手套有无小孔或破损、磨蚀的地方，尤其是指缝；

（3）戴手套前应治愈或罩住伤口，阻止细菌和化学物质进入；

（4）不要共用手套，避免造成交叉感染；

（5）摘取手套时防止将手套上沾染的有害物质接触到皮肤和衣服上；

（6）戴手套前和摘掉手套后要洗净双手；

（7）已污染的手套不可任意丢放。

第五节　耳部防护用品

实验过程中对耳部的保护也十分重要，耳部防护用品不仅可以保护耳朵免受外部伤害，还可对听力起到保护作用。化学实验室中，机械运转、超声清洗、蒸汽及空气吹扫等，噪声通常在 $80\sim100dB$。为减少噪声对实验人员的身体造成不良影响，在无法消除噪声源的情况下，可采取耳部个人防护办法。实验室常用的耳部防护用具有耳塞、耳罩和防噪声帽盔(图 3-4)。

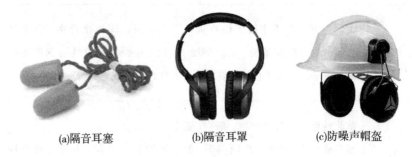

(a)隔音耳塞　　　　(b)隔音耳罩　　　　(c)防噪声帽盔

图 3-4　化学实验室常用的耳部防护用品

耳塞是插入外耳道内或置于外耳道口的一种栓塞，常用塑料或橡胶制作，以能密塞外耳道又不引起刺激或压迫为宜。合格的耳塞可降低低频噪声 10~15dB，降低中频噪声 20~30dB，降低高频噪声 30~40dB。

耳罩常以塑料制成，内有泡沫或海棉垫层，覆盖双耳。耳罩能罩住部分颅骨，有助于降低一部分经骨传到内耳的噪声。

防噪声帽盔能覆盖大部分头骨，以防止强烈噪声经骨传导到内耳，帽盔两侧耳部常垫防声材料，加强防护效果。

使用这些防声器时，应根据噪声的强度和频谱合理选用。对噪声强度是 110dB 的中频噪声，只用耳塞或耳罩即可；对 140dB 的噪声，即使是低频，也宜耳塞和耳罩并用，或带帽盔。

第六节　身体及足部防护用品

实验防护服是指在进行实验时保护身体和里面衣服的工作服，一般为长袖、及膝，多以棉或麻作为制作材料，以便于可以用高温的水来洗濯。在特定环境下，可根据实际需求选择不同的实验服。例如，由棉或聚酯类面料制作的实验服具有一定的防化学腐蚀功能；石棉衣服可以隔热和防烫伤；聚丙烯覆膜面料防护服可以阻隔液体和颗粒物。如图 3-5 所示。

所有人员进入实验室都必须穿工作服，其目的是为了防止身体的皮肤和衣着受到化学药品的污染。但实验服无法遮挡防护膝部以下位置，

(a)棉或聚酯类面料实验服　　(b)石棉隔热防护服　　(c)聚丙烯覆膜面料防护服

图 3-5　代白实验室常用的实验防护服

因此进入实验室一定要穿着长裤和覆盖整个脚背的满口鞋，不得穿凉鞋、拖鞋及高跟鞋进入实验室。若实验涉及具有腐蚀性的化学品，应选择对酸碱和腐蚀物质有一定抵御性的防滑鞋靴；若实验区域存在尖锐金属、碎片，则需防刺伤鞋。

第四章　危险化学品的危害及安全管理

化学品是化学实验室进行教学和科研活动的必需品。不同的化学品具有不同的理化性质，在储存、运输、使用以及废弃物处置的过程中，可能危害人体健康、污染环境。实验室管理人员及使用者需熟悉危险化学品安全信息的获取渠道，充分了解化学品的特性及危害，以在储存和使用过程中将安全风险降至最低。本章主要介绍危险化学品的分类、安全信息来源、危害及安全管理等内容。

札记

第一节　危险化学品的定义和分类

一、危险化学品的定义

2011 年国务院发布修订的《危险化学品安全管理条例（第 591 号令》，将危险化学品定义为"危险化学品，是指具有毒害、腐蚀、爆炸、燃烧、助燃等性质，对人体、设施、环境具有危害的剧毒化学品和其他化学品"。

二、危险化学品的分类

基于保护人类健康和环境、减少对化学品的重复测试和评估、完善现有化学品分类和标签体系、促进化学品国际贸易的目的，联合国 GHS 专家委员会、联合国际劳工组织（ILO）和经合组织（OECD），以世界各国现行的主要化学品分类制度为基础，创建了一套科学的、统一标准化的化学品分类标签制度，即全球化学品统一分类和标签制度（The Globally Harmonized System of Classification and Labelling of Chemicals，GHS，又称"紫皮书"）。GHS 分类制度国际标准是动态的，在执行过程中随着经验的积累每 2 年修订更新一次，使之更加完善有效。

从 2006 年开始，我国在化学品危险性分类和标签上全面采纳了联合国 GHS 分类制度体系，并制修订了化学品分类和标签系列国家标准。

我国《危险货物品名表》（GB12268-2012）和《危险货物分类和品名编号》（GB6944-2012）两个国家标准将化学品按其危险性分为 9 大类，如表 4-1 所示。

札记

表 4-1   危险化学品的分类(按危险性)

类别	项目
第一类：爆炸品	第1项：有整体爆炸危险的物质和物品； 第2项：有迸射危险，但无整体爆炸危险的物质和物品； 第3项：有燃烧危险并有局部爆炸危险或局部迸射危险或这两种危险都有，但无整体爆炸危险的物质和物品； 第4项：不呈现重大危险的物质和物品； 第5项：有整体爆炸危险的非常不敏感物质； 第6项：无整体爆炸危险的极端不敏感物品。
第二类：气体	第1项：易燃气体； 第2项：非易燃无毒气体； 第3项：毒性气体。
第三类：易燃液体	—
第四类：易燃固体、易于自燃的物质、遇水放出易燃气体的物质	第1项：易燃固体、自反应物质和固态退敏爆炸品； 第2项：易于自燃的物质； 第3项：遇水放出易燃气体的物质。
第五类：氧化性物质和有机过氧化物	第1项：氧化性物质； 第2项：有机过氧化物。
第六类：毒性物质和感染性物质	第1项：毒性物质； 第2项：感染性物质。
第七类：放射性物质	—
第八类：腐蚀性物质	—
第九类：杂项危险物质和物品，包括危害环境物质	—

第二节　危险化学品安全信息来源

化学品种类繁多，实验人员无法记忆每一种化学品的特性和使用注意事项，那么在使用化学品时，应充分了解化学品包装上的安全标签以及化学品安全技术说明书中包含的安全信息，按要求规范使用化学品，确保安全。

一、化学品安全标签

化学品管理人员和实验人员读懂化学品标签上的各类信息，可有效避免操作不当引起的危险和损失。国家标准《化学品安全标签编写规定》（GB 15258—2009）明确指出，一份合格的化学品标签应包含化学品标识、象形图、信号词、危险性说明、防范说明、应急咨询电话、供应商标识、资料参考提示语等8个部分化学品安全标签样例如图4-1所示。

第一部分：化学品标识。用中文和英文分别标明化学品的化学名称或通用名称。名称应与化学品安全技术说明书中的名称一致。对混合物应标出对其危险性分类有贡献的主要组分的化学名称或通用名、浓度或浓度范围。

第二部分：象形图。采用 GB 20576～GB 20599、CB 20601～CB 20602 规定的象形图。象形图可以比较直观地表达危险品性质。

第三部分：信号词。根据化学品的危险程度和类别，用"危险""警告"两个词分别进行危害程度的警示。"危险"表示此化学品危险程度高，需要更加注意；"警告"表示此化学品危险程度较低。

第四部分：危险性说明。简要概述化学品的危险特性。居信号词下方。根据 GB 20576～GB 20599、GB 20601～GB 20602，选择不同类别危险化学品的危险性说明。

第五部分：防范说明。表述化学品在处置、搬运、储存和使用作业中所必须注意的事项和发生意外时简单有效的救护措施等。

第六部分：供应商标识。展示供应商名称、地址、邮编和电话等。如需了解化学品更详细的性质，或发生事故不知如何处理，可以致电供应商寻求帮助。

第七部分：应急咨询电话。展示化学品生产商或生产商委托的24h化学事故应急咨询电话。

第八部分：资料参阅提示语。提示化学品用户应参阅化学品安全技术说明书。

二、化学品安全技术说明书

化学品安全技术说明书又被称为物质安全技术说明书（（Material

札记

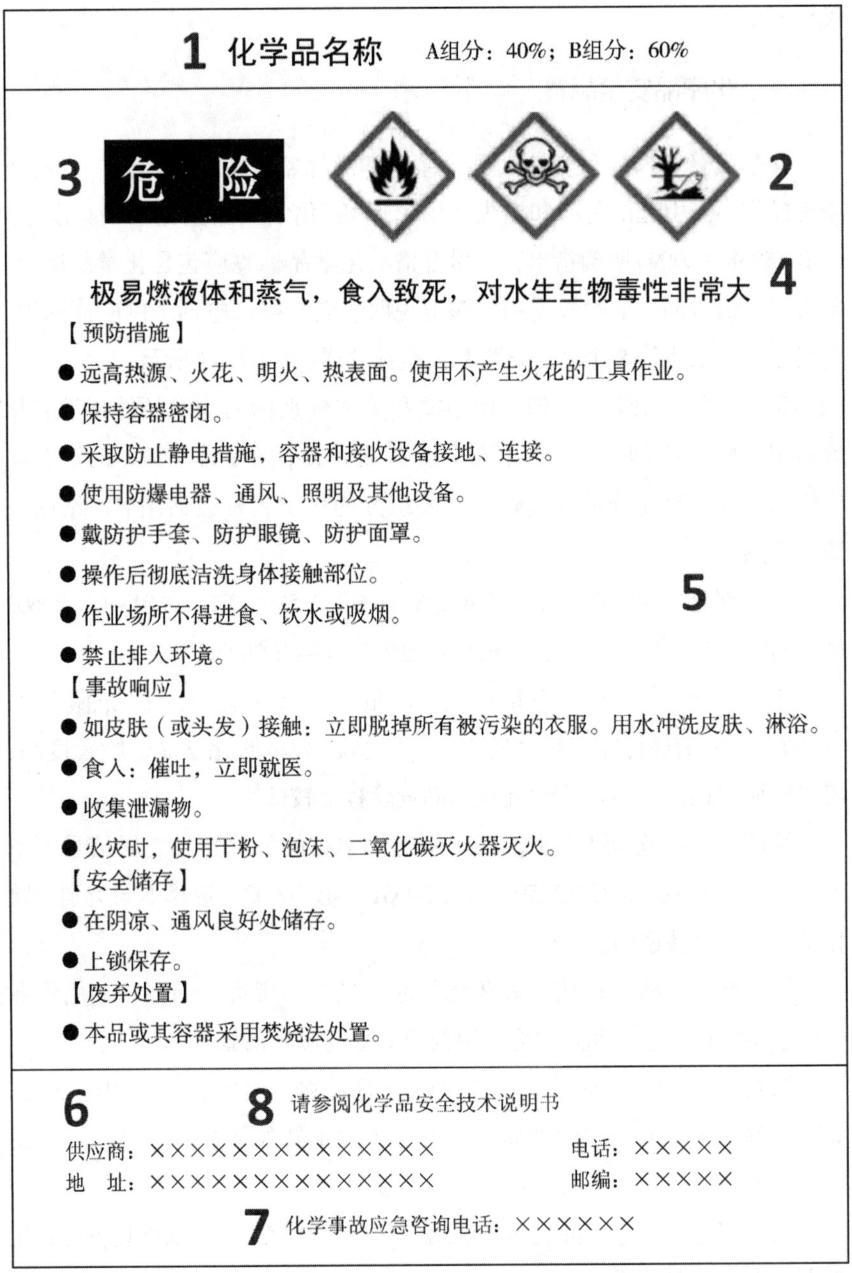

---

1 化学品名称　　A组分：40%；B组分：60%

3 危险　 **2**

4

极易燃液体和蒸气，食入致死，对水生生物毒性非常大

【预防措施】

● 远离热源、火花、明火、热表面。使用不产生火花的工具作业。

● 保持容器密闭。

● 采取防止静电措施，容器和接收设备接地、连接。

● 使用防爆电器、通风、照明及其他设备。

● 戴防护手套、防护眼镜、防护面罩。

● 操作后彻底洁洗身体接触部位。

● 作业场所不得进食、饮水或吸烟。

● 禁止排入环境。

5

【事故响应】

● 如皮肤（或头发）接触：立即脱掉所有被污染的衣服。用水冲洗皮肤、淋浴。

● 食入：催吐，立即就医。

● 收集泄漏物。

● 火灾时，使用干粉、泡沫、二氧化碳灭火器灭火。

【安全储存】

● 在阴凉、通风良好处储存。

● 上锁保存。

【废弃处置】

● 本品或其容器采用焚烧法处置。

6　　　**8** 请参阅化学品安全技术说明书

供应商：×××××××××××××　　　电话：×××××

地　址：×××××××××××××　　　邮编：×××××

7 化学事故应急咨询电话：×××××

图 4-1　化学品安全标签样例

Safety Data Sheet，MSDS），为化学物质及其制品提供了有关安全、健康和环境保护方面的各种信息，并能提供有关化学品的基本知识、防护措施和紧急情况下的应对措施。欧洲及国际标准化组织（ISO）11014 采用 SDS

术语，美国、加拿大、澳洲以及亚洲许多国家则采用 MSDS 术语。我国于 2009 年 2 月 1 日实施的《化学品安全技术说明书内容和项目顺序》（GB/T 16483—2008）中规定，我国统一使用"化学品安全技术说明书（safety data sheet for chemical products，SDS）"。危险化学品生产或销售企业应按法规要求向客户提供 SDS。

国家标准《化学品安全技术说明书内容和项目顺序》中规定，SDS 中需包含规定的 16 项内容，且在编写时，每部分的标题、编号和前后顺序不应随意变更。这 16 项内容如下：

（1）化学品及企业标识。主要标明化学品的名称；供应商的产品代码；供应商的名称、地址、电话号码、应急电话、传真和电子邮件地址；化学品的推荐用途和限制用途。

（2）危险性概述。该部分应标明化学品主要的物理和化学危险性信息以及对人体健康和环境影响的信息；如果已经根据 GHS 对化学品进行了危险性分类，应标明 CHS 危险性类别；还应注明人员接触后的主要症状及应急综述。

（3）成分/组成信息。该部分应注明该化学品是物质还是混合物。如果是物质，应提供化学品名或通用名、美国化学文摘登记号（Chemical Abstracts Service Registry Number，CAS 号）及其他标识符。如果是混合物，不必列明所有组分。

（4）急救措施。该部分应说明必要时应采取的急救措施及应避免的行动；根据不同的接触方式将信息细分为：吸入、皮肤接触、眼睛接触和食入。

（5）消防措施。该部分应说明合适的灭火方法和灭火剂；还应标明化学品的特别危险性、特殊灭火方法及保护消防人员特殊的防护装备。

（6）泄漏应急处理。该部分应包括以下信息：作业人员防护措施、防护装备和应急处置程序；环境保护措施；泄漏化学品的收容、清除方法及所使用的处置材料；提供防止发生次生危害的预防措施。

（7）操作处置与储存。应描述安全处置注意事项，还应包括防止直接接触不相容物质或混合物的特殊处置注意事项；应描述安全储存的条件、安全技术措施、同禁配物隔离储存的措施、包装材料信息。

（8）接触控制和个体防护。列明容许浓度；列明减少接触的工程控制方法；列明推荐使用的个体防护设备。

(9)理化特性。该部分应提供以下信息：化学品的外观与性状；气味；pH 值；熔点/凝固点；沸点、初沸点和沸程；闪点；燃烧上下极限或爆炸极限；蒸气压；蒸气密度；密度；溶解性；n-辛醇/水分配系数；自燃温度；分解温度。

(10)稳定性和反应性。该部分应描述化学品的稳定性和危险反应。包括应避免的条件、不相容的物质和危险的分解产物。

(11)毒理学信息。该部分应描述使用者接触化学品后产生的各种毒性作用，包括急性毒性、皮肤刺激或腐蚀、眼睛刺激或腐蚀、呼吸或皮肤过敏、生殖细胞突变性、致癌性、生殖毒性、特异性靶器官系统毒性——一次性接触、特异性靶器官系统毒性——反复接触、吸入危险等。

(12)生态学信息。提供化学品可能对环境造成的生态毒性、持久性和降解性、潜在的生物累积性和土壤中的迁移性等。

(13)废弃处置。提供适用于化学品(残余废弃物)及受污染的容器和包装的废弃处置方法信息。

(14)运输信息。该部分内容应提供国际运输法规规定的编号与分类信息，包括联合国危险货物编号(UN 号)、联合国运输名称、联合国危险性分类、是否为海洋污染物以及运输注意事项等。

(15)法规信息。应标明使用本 SDS 的国家或地区中，管理该化学品的法规名称。提供与法律相关的法规信息和化学品标签信息。

(16)其他信息。提供上述各项未包括的其他重要信息。例如，参考文献、需要进行的专业培训、建议的用途和限制的用途等。

三、国际化学品安全卡网络数据库查询系统

国际化学品安全卡是国际化学品安全规划署(IPCS)与欧洲联盟委员会(EU)合作编排的一套具有国际权威性和指导性的化学品安全信息。

国际化学品安全卡包含化学品标识、危害/接触类型、急性危害/症状、预防、急救/消防、泄漏处理、包装与标志、应急响应、存储、重要数据、物理性质、环境数据、注解和附加资料等项目。

国际化学品安全卡(中文版)网络数据库查询系统网址为：http://icsc.brici.ac.cn/。可通过安全卡编号、物质名称(中文或英文)、CAS 登记号、中国危险货物编号或 UN 编号进行查询。以浓硫酸为例其国际

化学品安全卡如图 4-2 所示。

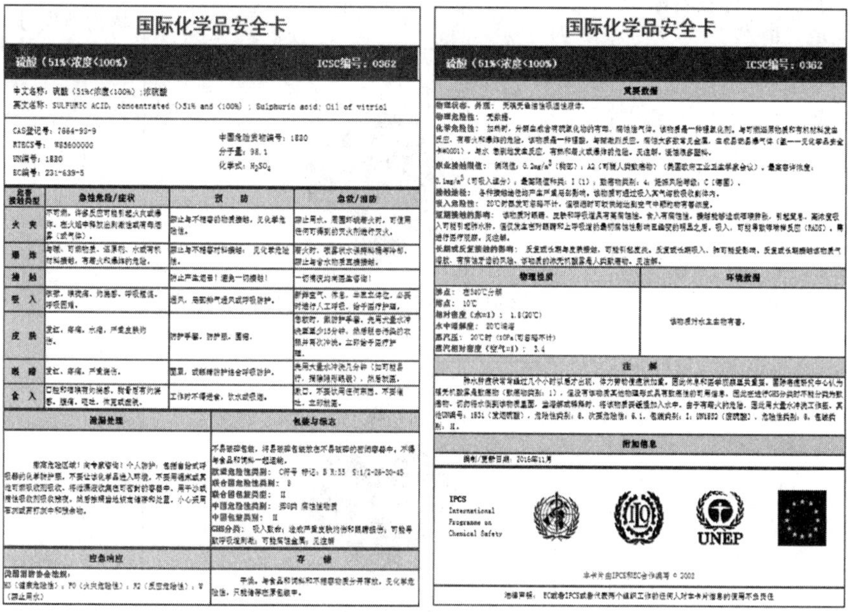

图 4-2 国际化学品安全卡示例(以浓硫酸为例)

四、危险化学品的标志

危险化学品标志通过图形和简单的文字表述化学品的危险特性,警示作业人员安全操作和处置化学品。我国 2009 年发布的国家标准《危险货物包装标志》(GB 190—2009),规定了危险货物包装图示标志的分类图形、尺寸、颜色及使用方法等(见表 4-2)。

表 4-2 危险化学品标志(部分)

序号	标记名称	标记图像
1	危害环境物质和物品标记	 (符号:黑色,底色:白色)

札记

序号	标签名称	标签图形	对应的危险货物类项号
1	爆炸性物质或物品	（符号：黑色，底色：橙红色）	1.1 1.2 1.3
		（符号：黑色，底色：橙红色）	1.4
		（符号：黑色，底色：橙红色）	1.5
		（符号：黑色，底色：橙红色） ** 项号的位置——如果爆炸性是次要危险性，留空白。 * 配装组字母的位置，留空白。	1.6

续表　　　

序号	标签名称	标签图形	对应的危险货物类项号
2	易燃气体	（符号：黑色，底色：正红色） （符号：白色，底色：正红色）	2.1
	非易燃无毒气体	（符号：黑色，底色：绿色） （符号：白色，底色：绿色）	2.2
	毒性气体	（符号：黑色，底色：白色）	2.3

札记

续表

序号	标签名称	标签图形	对应的危险货物类项号
3	易燃液体	（符号：黑色，底色：正红色）（符号：白色，底色：正红色）	3
4	易燃固体	 （符号：黑色，底色：白色红条）	4.1
	易于自燃的物质	 （符号：黑色，底色：上白下红）	4.2
	遇水放出易燃气体的物质	（符号：黑色，底色：蓝色）（符号：白色，底色：蓝色）	4.3

续表 　　　**札记**

序号	标签名称	标签图形	对应的危险货物类项号
5	氧化性物质	 （符号：黑色，底色：柠檬黄色）	5.1
	有机过氧化物	 （符号：黑色，底色：红色和柠檬黄色） （符号：白色，底色：红色和柠檬黄色）	5.2
6	毒性物质	 （符号：黑色，底色：白色）	6.1
	感染性物质	 （符号：黑色，底色：白色）	6.2

续表

序号	标签名称	标签图形	对应的危险货物类项号
7	一级放射性物质	 （符号：黑色，底色：白色，附一条红竖条） 黑色文字，在标签下半部分写上： "放射性" "内装物_____" "放射性强度_____" 在"放射性"字样之后应有一条红竖条	7A
	二级	 （符号:黑色,底色:上黄下白,附两条红竖条） 黑色文字，在标签下半部分写上： "放射性" "内装物_____" "放射性强度_____" 在一个黑边框格内写上："运输指数" 在"放射性"字样之后应有两条红竖条	7B
	三级	 （符号:黑色,底色:上黄下白,附三条红竖条） 黑色文字，在标签下半部分写上： "放射性" "内装物_____" "放射性强度_____" 在一个黑边框格内写上："运输指数" 在"放射性"字样之后应有三条红竖条	7C

续表 　　札记

序号	标签名称	标签图形	对应的危险货物类项号
7	裂变性物质	FISSILE TRANSPORT INDEX 7 （符号：黑色，底色：白色） 黑色文字 在标签上半部分写上："易裂变" 在标签下半部分的一个黑边 框格内写上："临界安全指数"	7E
8	腐蚀性物质	8 （符号：黑色，底色：上白下黑）	8
9	杂项危险物质和物品	9 （符号：黑色，底色：白色）	9

第三节　危险化学品的危害

目前，最新版 GHS 紫皮书(第 9 修订版，2021 年)将化学品危险性分类为 29 个危险(害)种类(hazard class)，即物理危险(17 个危险种类)、健康危害(10 个危害种类)和环境危害(2 个危害种类)。各国可以根据本国国情和主管部门的实际需求，灵活地选取 GHS 的全部或者一部分内容要素加以实施。

　　中国国家标准化管理委员会发布的《化学品分类和危险性公示 通则》(GB 13690—2009)将化学品危险性分为理化危险、健康危险和环境危险三大类，如表 4-3 所示。

表 4-3 　《化学品分类和危险性公示　通则》中化学品的危险分类

危险性分类	化学品类别
理化危险	爆炸物
	易燃气体
	易燃气溶胶
	氧化性气体
	压力下气体
	易燃液体
	易燃固体
	自反应物质和混合物
	自燃液体
	自燃固体
	自热物质和混合物
	遇水放出易燃气体的物质或混合物
	氧化性液体
	氧化性固体
	有机过氧化物
	金属腐蚀剂
健康危险	急性毒性
	皮肤腐蚀/刺激
	严重眼损伤/眼刺激
	呼吸或皮肤过敏
	生殖细胞致突变性
	致癌性
	生殖毒性
	特异性靶器官系统毒性——一次接触
	特异性靶器官系统毒性——反复接触
	吸入危险

续表

危险性分类	化学品类别
环境危害	危害水生环境
	危害臭氧层

我国 2015 年发布的《危险化学品名录》中共记录了 2828 种危险化学品，其中剧毒品包含 148 种。这些危险化学品的危险（害）性涵盖了《化学品分类和危险性公示 通则》中提出的理化危险、健康危害和环境危害。同一种化学品，可能同时具有几种不同的危险属性，下文将介绍化学实验室中较为常见的危险化学品。

一、危险化学品的理化危害

《化学品分类和危险性公示 通则》中，涉及理化危害的化学品共 16 个类别（表 4-3）。根据其危害特点，下文将这 16 个类别总结为 6 大类，即：①爆炸物；②可燃物（易燃气体、易燃气溶胶、易燃液体、易燃固体）；③压力下气体；④氧化性物质（氧化性气体、氧化性液体、氧化性固体、有机过氧化物）；⑤自热和自反应物质（自反应物质和混合物、自燃液体、自燃固体、自热物质和混合物、遇水放出易燃气体的物质或混合物）；⑥金属腐蚀剂。

（一）爆炸物

爆炸物是指在外界作用下（如受热、受压、撞击等），能发生剧烈的化学反应，产生一定速度、一定温度与压力的气体，且对周围环境具有破坏作用的固体或液体（或其混合物）。

化学品爆炸具有反应速度快、释放大量热和生成大量气体的特点。由于反应速度极快，瞬间释放出的能量来不及散失而高度集中，所以有极大的破坏作用。

化学实验室可能储存或使用的爆炸品包括高氯酸盐、叠氮化钠、三硝基甲苯、三硝基苯酚（苦味酸）以及一些遇热或遇撞击释放大量能量或气体的有机化学物等。爆炸品应储存在干燥、通风、阴凉的专用库房，远离火源和热源，一切爆炸品严禁与氧化剂、自燃物品、酸、碱、盐类、易燃可燃物、金属粉末和钢铁材料器具等混储。

(二) 可燃物

1. 易燃气体

易燃气体是指在 20℃和标准压力 101.3kPa 时与空气混合有一定易燃范围的气体。化学不稳定气体是指在无空气和/或无氧气时也能极为迅速反应的易燃气体。

实验室常见的易燃气体有氢、一氧化碳、甲烷、丙烷等，如图 4-3 所示。易燃气体的主要危险特性就是易燃易爆，处于燃烧浓度范围之内的易燃气体，遇着火源都能着火或爆炸，有的甚至只需极微小能量就可燃爆。易燃气体与易燃液体、固体相比，更容易燃烧，且燃烧速度快，一燃即尽。

此外，由于气体具有扩散性，这使得比空气轻的易燃气体逸散在空气中后，无限制地扩散与空气形成爆炸性混合物，并能够顺风飘荡，迅速蔓延和扩展；比空气重的易燃气体泄漏出来时，往往飘浮于地表、沟渠、隧道、房屋死角等处，长时间聚集不散，易与空气在局部形成爆炸性混合气体，遇着火源发生着火或爆炸。

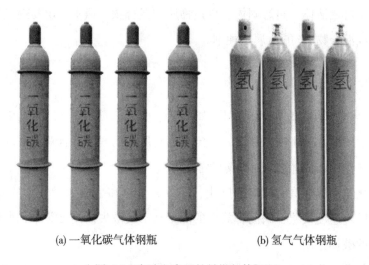

(a) 一氧化碳气体钢瓶   (b) 氢气气体钢瓶

图 4-3　实验室常见的易燃气体钢瓶

《化学品分类和标签规范　第 3 部分：易燃气体》(GB 30000.3—2013)中，易燃气体具有 4 个危险类别，如表 4-4 所示。

表 4-4 易燃气体的分类标准和标签要素

危险类别	标准	标签要素	
1	在 20℃ 和标准大气压 101.3kPa 时的气体和气体混合物： a) 当其在空气中占 13% 或更少时可点燃；或 b) 不论易燃下线如何，与空气混合，可燃范围至少为 12 个百分点	图形符号	
		信号词	危险
		危险说明	极易燃气体
2	在 20℃ 和标准大气压 101.3kPa 时与空气混合时，具有一定易燃范围而不是类别 1 的气体或气体混合物	图形符号	无图形符号
		信号词	警告
		危险说明	易燃气体
A（化学不稳定性气体）	在 20℃ 和标准大气压 101.3kPa 时具有化学不稳定性的易燃气体	图形符号	无附加图形符号
		信号词	无附加信号词
		危险说明	无空气也能迅速反应
B（化学不稳定性气体）	在超过 20℃ 和/或高于标准大气压 101.3kPa 时具有化学不稳定性的易燃气体	图形符号	无附加图形符号
		信号词	无附加信号词
		危险说明	在升高的大气压和/或温度的条件下，即使无空气也可能迅速反应

2. 易燃气溶胶

气溶胶是由固体或液体小质点分散并悬浮在气体介质中形成的胶体分散体系，如云、尘埃、烟雾、粉尘等。《化学品分类和标签规范 第 4 部分：气溶胶》(GB 30000.4—2013) 中将气溶胶定义为：内装在喷雾器内的压缩、液化或加压溶解的气体，通过释放装置喷射出来，在气体中形成悬浮的固态或液态微粒，或形成泡沫、膏剂或粉末，或者以液态或气态形式出现。

如果气溶胶含有任何易燃物成分(根据 GHS 分类)时，该气溶胶为易燃气溶胶。需注意的是，这里提到的易燃成分，不包含自燃物质、自热物质或遇水反应物质和混合物，因为这些成分从来不用作喷雾器内装物。

《化学品分类和标签规范　第 4 部分：气溶胶》(GB 30000.4—2013)中，气溶胶包含 3 个危险类别，如表 4-5 所示。其中分类标准的判定逻辑较复杂，文中不赘述，可查阅此国家标准。

表 4-5　气溶胶的分类标准和标签要素

危险类别	标准	标签要素	
1	根据其易燃成分、其化学燃烧热以及酌情根据泡沫试验(用于泡沫气溶胶)、点火距离试验和封闭空间试验(用于喷雾气溶胶)的结果。	图形符号	
		信号词	危险
		危险说明	极易燃气溶胶 带压力容器：如受热可能爆裂
2	根据其易燃成分、其化学燃烧热以及酌情根据泡沫试验(用于泡沫气溶胶)、点火距离试验和封闭空间试验(用于喷雾气溶胶)的结果。	图形符号	
		信号词	警告
		危险说明	易燃气溶胶 带压力容器：如受热可能爆裂
3	根据其易燃成分、其化学燃烧热以及酌情根据泡沫试验(用于泡沫气溶胶)、点火距离试验和封闭空间试验(用于喷雾气溶胶)的结果。	图形符号	无图形符号
		信号词	警告
		危险说明	不易燃气溶胶 带压力容器：如受热可能爆裂

易燃气溶胶与易燃气体相似，兼具易燃性和扩散性。实验室内，若有低沸点的可燃液体和粉末状的可燃固体发生泄漏，应警惕可燃气溶胶的形成。生活中常见的气溶胶喷雾器如图 4-4 所示。

(a)电动气溶胶喷雾器　　　　(b)气溶胶喷雾罐

图4-4　生活中常见的气溶胶喷雾器

3. 易燃液体

易燃液体是指易于挥发和燃烧的液态物质，如汽油、乙醇、苯等。可燃液体挥发的蒸汽与空气混合达到一定浓度，遇火源发生一闪即逝的现象称为闪燃，能产生闪燃的最低温度称为闪点。闪点是表示易燃液体燃爆危险性的一个重要指标，闪点越低，燃爆危险性越大。

《化学品分类和危险性公示　通则》（GB 13690—2009）中规定，闪点不高于93℃的液体为易燃液体。《化学品分类和标签规范　第7部分：易燃液体》（GB 30000.7—2013）中，易燃液体分为4个危险类别，如表4-6所示。

表4-6　　　　　　　　　**易燃液体的分类标准及标签要素**

危险类别	标准	标签要素	
1	闪点小于23℃且初沸点不大于35℃	图形符号	 （图形符号）
		信号词	危险
		危险说明	极易燃液体和蒸气
2	闪点小于23℃且初沸点大于35℃	图形符号	 （图形符号）
		信号词	危险
		危险说明	高度易燃液体和蒸气

札记

续表

危险类别	标准	标签要素	
3	闪点不小于23℃ 且不大于60℃	图形符号	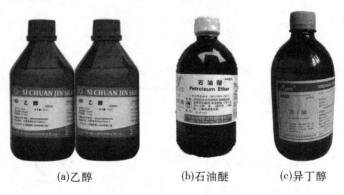
		信号词	危险
		危险说明	易燃液体和蒸气
4	闪点大于60℃ 且不大于93℃	图形符号	无象形图
		信号词	警告
		危险说明	可燃液体

易燃液体及其所挥发的可燃气体，遇火迅速燃烧；所挥发的可燃气体在空气中的浓度达到爆炸极限时，遇火星即发生爆炸；存放于密闭容器中的易燃液体，受热后能使容器爆裂而引起燃烧；大量可燃气体扩散到空气中，可使人中毒或窒息。实验室常见的易燃液体如图4-5所示。

(a)乙醇　　　　(b)石油醚　　　　(c)异丁醇

图4-5　实验室常见的易燃液体

4. 易燃固体

易燃固体是指在常温下以固态形式存在，遇火受热、撞击、摩擦或接触氧化剂能引起燃烧的物质。其中燃点越低、分散程度越大的易燃固体危险性越大，尤其是粉状的易燃物与空气中的氧混合达到一定比例遇明火会产生爆炸。《化学品分类和标签规范　第8部分：易燃固体》(GB30000.8—2013)中，易燃固体包含 2 个危险类别，如表 4-7 所示。

表 4-7　　　　　　　　　易燃固体的分类标准及标签要素

危险类别	标准	标签要素	
1	燃烧速率试验： 　　除金属粉末之外的物质或混合物： 　　(a)潮湿部分不能阻燃，而且 　　(b)燃烧时间小于 45s 或燃烧速率大于 2.2mm/s； 金属粉末： 　　燃烧时间不大于 5min	图形符号	🔥
		信号词	危险
		危险说明	易燃固体
2	燃烧速率试验： 　　除金属粉末之外的物质或混合物： 　　(a)潮湿部分可以阻燃至少 4min，而且 　　(b)燃烧时间小于 45s 或燃烧速率大于 2.2mm/s； 金属粉末： 　　燃烧时间大于 5min 而且小于或等于 10min	图形符号	🔥
		信号词	警告
		危险说明	易燃固体

　　实验室中常见的易燃固体有赤磷、硫黄、N，N-二亚硝基五亚甲基四胺(发泡剂 H)、镁粉等(见图 4-6)。易燃固体的危害性如下：

　　(1)易燃固体燃点低、遇火即着，燃烧猛烈，对高热、摩擦、撞击十分敏感，易引起燃烧甚至爆炸。

　　(2)易燃固体粉尘易燃爆。

　　(3)有些易燃固体或其燃烧产物有毒，例如硫黄、硝基化合物等。

　　(4)易燃固体与氧化剂接触，反应剧烈，可发生燃烧爆炸，例如，赤磷、硫黄粉末与氯酸盐、硝酸盐、高氯酸盐或高锰酸盐等混合，可组成爆炸性能十分敏感的化合物。

　　(5)有些易燃固体与酸类(特别是氧化性酸)反应剧烈，会发生燃烧爆炸，例如，发泡剂 H 与酸或酸雾接触将迅速起火燃烧。

　　(6)有些易燃固体遇水或受潮会有猛烈反应，例如镁粉遇水或潮气

札记

会放出氢气，大量放热，发生燃烧或爆炸。

(a) 硫黄   (b) N,N-二亚硝基五亚甲基四胺（发泡剂H）

(c) 赤磷   (d) 镁粉

图 4-6 实验室常见的易燃固体

（三）加压气体

加压气体是指，20℃下，压力等于或大于 200 kPa（表压）下装入贮器的气体，或是液化气体或冷冻液化气体。《化学品分类和标签规范第 6 部分：加压气体》（GB30000.6—2013）中，加压气体包含 4 个危险类别，如表 4-8 所示。

表 4-8   加压气体的分类标准及标签要素

危险类别	标准	标签要素	
压缩气体	在压力下包装时于-50℃是完全气态的气体，包括具有临界温度≤-50℃的所有气体。	图形符号	
		信号词	警告
		危险说明	内装加压气体；遇热可能爆炸。

危险类别	标准	标签要素	
液化气体	在高于-50℃的温度下封装加压时部分液体的气体，它又分为： a)高压液化气体：临界温度为-50℃和65℃间的气体； b)低压液化气体：临界温度高于65℃间的气体。	图形符号	
		信号词	警告
		危险说明	内装加压气体；遇热可能爆炸。
冷冻液化气体	封装时由于其低温而部分成为液体的气体。	图形符号	
		信号词	警告
		危险说明	内装冷冻液化气；可能造成低温灼伤或损伤。
溶解气体	加压封装时溶解在液相溶剂中的气体。	图形符号	
		信号词	警告
		危险说明	内装加压气体；遇热可能爆炸。

化学实验室常用的加压气体包括压缩气体和冷冻液化气体。

1. 压缩气体

化学实验室中常见的压缩气体包括氧气、氮气、氩气、乙炔、氢气、压缩空气等如图 4-7 所示。压缩气体的危险性如下。

图 4-7 实验室常见的压缩气体钢瓶

爆炸性。压缩气体盛装在密闭的容器内，在光照或受热后，温度升高，分子间的热运动加剧，体积增大，气体极易膨胀产生很大的压力，当压力超过容器的耐压强度时就会造成爆炸事故。

易燃性。例如氢气、甲烷、一氧化碳、液化石油等，遇热源和明火有燃烧爆炸的危险。

助燃性。例如氧气、氟气、氯气、压缩空气等。

毒害性。例如氯气、氰化氢等。

窒息性。例如二氧化碳、氮气、氦、氩等惰性气体，虽无毒不燃，但一旦发生泄漏，易使人窒息。

此外，氯气与乙炔混合即可爆炸，氯气与氢气混合见光可爆炸，氟气遇氢气即爆炸，油脂接触氧气能自燃，铁在氧气、氯气中也能燃烧。因此，凡是内容物为禁忌物的钢瓶应分开存放。

2. 冷冻液化气体

化学实验室常用到的冷冻液化气体有液氮和液氦，为实验提供所需的超低温。冷冻液化气体若需运输或较长时间储存，需使用加压液氮罐；若是实验室中少量保存和使用，则使用常压低温液氮罐（也称为杜瓦瓶），如图 4-8 所示。

(a)加压液氮罐　　　　　　(b)常压低温液氮罐(杜瓦瓶)

图 4-8　冷冻液化气体的储存容器

冷冻液化气体在汽化时大量吸热，若皮肤接触可能造成冻伤。此外，如果在常压下汽化产生的氮气过量，可使空气中氧分压下降，极端情况下可能引起缺氧窒息。因此，冷冻液化气体应储存于阴凉、通风的库房，库温不宜超过 30℃；实验人员在操作时需穿防寒服，戴防寒手套。

（四）氧化性物质

氧化性物质是指，本身未必可燃，但通常会放出氧气导致或促进其他物质燃烧的化学品。氧化性物质包括氧化性气体、氧化性液体、氧化性固体和有机过氧化物。

1. 氧化性气体、液体和固体

一般通过提供氧气，比空气更能导致或促进其他物质燃烧的气体称为氧化性气体。实验室常见的氧化性气体有氧气、氯气、氟气和二氧化氮等。通过放出氧气可能引起或促进其他物质燃烧的固体或液体，称为氧化性固体或氧化性液体。实验室常见的氧化性液体有氯水、高氯酸、过氧化氢溶液和浓硝酸等。实验室常见的氧化性固体有过氧化钠、重铬酸盐、高氯酸盐、高锰酸盐和过硫酸盐等。

根据国家标准《化学品分类和标签规范　第 5 部分：氧化性气体》（GB30000.5—2013），氧化性气体具有 1 个类别，如表 4-9 所示。

表 4-9　　　　　　　　　氧化性气体的分类标准及标签要素

危险类别	标准	标签要素	
1	一般通过提供氧气，比空气更能导致或促进其他物质燃烧的任何气体。	图形符号	
		信号词	危险
		危险说明	可引起燃烧或加剧燃烧；氧化剂

根据国家标准《化学品分类和标签规范　第 14 部分：氧化性液体》（GB30000.14—2013）和《化学品分类和标签规范　第 15 部分：氧化性固体》（GB30000.15—2013），氧化性液体和氧化性固体分别有 3 个危险类别，如表 4-10 和表 4-11 所示。

表 4-10　　　　　　　　　　　　　　氧化性液体的分类标准及标签要素

危险类别	标准	标签要素	
1	受试物质(或混合物)与纤维素之比按质量 1∶1 的混合物进行试验时可自燃；或受试物质与纤维素之比按质量 1∶1 的混合物的平均压力上升时间小于 50%高氯酸与纤维素之比按质量 1∶1 的混合物的平均压力上升时间的任何物质或混合物	图形符号	
		信号词	危险
		危险说明	可引起燃烧或爆炸；强氧化剂
2	受试物质(或混合物)与纤维素之比按质量 1∶1 的混合物进行试验时，显示的平均压力上升时间小于或等于 40%高氯酸水溶液与纤维素之比按质量 1∶1 的混合物的平均压力上升时间；并且不属于类别 1 的标准的任何物质或混合物	图形符号	
		信号词	危险
		危险说明	可加剧燃烧；氧化剂
3	受试物质(或混合物)与纤维素之比按质量 1∶1 的混合物进行试验时，显示的平均压力上升时间小于或等于 65%硝酸水溶液与纤维素之比按质量 1∶1 的混合物的平均压力上升时间；并且不符合类别 1 和类别 2 的标准的任何物质或混合物	图形符号	
		信号词	警告
		危险说明	可加剧燃烧；氧化剂

表 4-11　　　　　　　　　　　　　　氧化性固体的分类标准及标签要素

危险类别	标准	标签要素	
1	受试物质(或混合物)与纤维素 4∶1 或 1∶1(质量比)的混合物进行试验时，显示的平均燃烧时间小于溴酸钾与纤维素之比按质量 3∶2(质量比)的混合物的平均燃烧时间的任何物质或混合物	图形符号	
		信号词	危险
		危险说明	可引起燃烧或爆炸；强氧化剂

续表

危险类别	标准	标签要素	
2	受试物质(或混合物)与纤维素4∶1或1∶1(质量比)的混合物进行试验时,显示的平均燃烧时间等于或小于溴酸钾与纤维素2∶3(质量比)的混合物的平均燃烧时间,并且未满足类别1的标准的任何物质或混合物	图形符号	☢
		信号词	危险
		危险说明	可加剧燃烧;氧化剂
3	受试物质(或混合物)与纤维素4∶1或1∶1(质量比)的混合物进行试验时,显示的平均燃烧时间等于或小于溴酸钾与纤维素3∶7(质量比)的混合物的平均燃烧时间,并且未满足类别1和类别2的标准的任何物质或混合物	图形符号	☢
		信号词	警告
		危险说明	可加剧燃烧;氧化剂

氧化性物质在与还原性物质接触时可能会导致强烈的化学反应,放出热量,引发燃烧,甚至爆炸。所以氧化性物质在实验室储存时必须与还原性物质分开,并保持阴凉,远离热源,避免撞击。实验室常见的氧化性物质如图4-9所示。

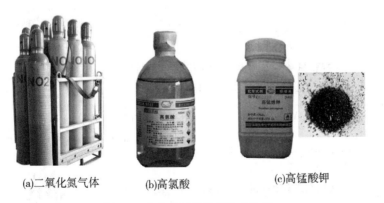

(a)二氧化氮气体　　(b)高氯酸　　(c)高锰酸钾

图4-9　实验室常见的氧化性物质

2. 有机过氧化物

有机过氧化物是指含有二价-O-O-结构和可视为过氧化氢的一个或

札记

两个氢原子已被有机基团取代的衍生物的液态或固态有机物，包括有机过氧化物配制物（混合物）。

《化学品分类和标签规范 第 16 部分：有机过氧化物》（GB 30000.16—2013）中，有机过氧化物分为 5 个危险类别，如表 4-12 所示。其中分类标准的判定逻辑较复杂，文中不赘述，可查阅此国家标准及联合国《关于危险货物运输的建议书 试验和标准手册》（第五修订版）。

表 4-12　　　　有机过氧化物的分类标准及标签要素

危险类别	标准	标签要素	
A 型	按照《试验和标准手册》的第 II 部分系列 A~H 的试验结果和应用附录 A	图形符号	
		信号词	危险
		危险说明	加热可引起爆炸
B 型	按照《试验和标准手册》的第 II 部分系列 A~H 的试验结果和应用附录 A	图形符号	
		信号词	危险
		危险说明	加热可引起燃烧或爆炸
C 型和 D 型	按照《试验和标准手册》的第 II 部分系列 A~H 的试验结果和应用附录 A	图形符号	
		信号词	危险
		危险说明	加热可引起燃烧
E 型和 F 型	按照《试验和标准手册》的第 II 部分系列 A~H 的试验结果和应用附录 A	图形符号	
		信号词	警告
		危险说明	加热可引起燃烧

续表　　　札记

危险类别	标准	标签要素	
G 型	按照《试验和标准手册》的第 Ⅱ 部分系列 A～H 的试验结果和应用附录 A	图形符号	本危险类别 没有分配标签要素
		信号词	
		危险说明	

有机过氧化物是可发生放热、自加速分解、热不稳定的物质或混合物。它们可具有一种或多种下列性质：①易于爆炸分解；②迅速燃烧；③对撞击或摩擦敏感；④与其他物质发生危险反应。

此外，如果有机过氧化物的配制品在实验中容易爆炸、迅速爆燃或在封闭条件下加热时显示剧烈效应，则认为有机过氧化物具在爆炸性质。

实验室常见的有机过氧化物有过氧化环己酮、过氧乙酸、过氧化二苯甲酰等(图 4-10)。其中，过氧化环己酮遇到高温、阳光曝晒、撞击(干粉)、还原剂以及硫、磷等易燃物时，有引起着火、爆炸的危险。过氧乙酸性质不稳定，温度稍高(加热至 110℃)即分解放出氢气而爆炸；纯品在 -20℃时也会爆炸，浓度大于 45% 时就具有爆炸性。过氧化二苯甲酰不仅本身易燃，而且具有强氧化性，受热分解能发生爆炸。

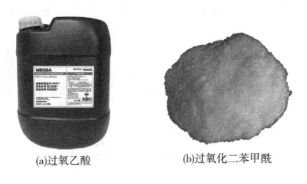

(a)过氧乙酸　　　　　　(b)过氧化二苯甲酰

图 4-10　实验室常见的有机过氧化物

有机过氧化物应储存在阴凉避光处，远离还原剂(促进剂)，储存温度不要超过 25℃或包装上提及的最高储存温度；产品应保存在原始包装内，以减少被污染的机会；在运输时应尽可能防震、防摩擦、防倒置；在使用时应穿戴防护用品，避免沾附在皮肤上或进入眼中。

（五）自燃物、自热物质和自反应物质

1. 自燃物

即使数量小也能在与空气接触后 5min 内着火的物质，称为自燃物。自燃物包括自燃液体和自燃固体。根据《化学品分类和标签规范 第10部分：自燃液体》（GB 30000. 10—2013）和《化学品分类和标签规范 第11 部分：自燃固体》（GB 30000. 11—2013），自燃物的分类及标签要素如表 4-13 和表 4-14 所示。

表 4-13　　　　　　　　　　自燃液体的分类标准及标签要素

危险类别	标准	标签要素	
1	液体加至惰性载体上并暴露在空气中 5min 内燃烧，或与空气接触 5 min 内燃着或碳化滤纸	图形符号	
		信号词	危险
		危险说明	暴露在空气中自燃

表 4-14　　　　　　　　　　自燃固体的分类标准及标签要素

危险类别	标准	标签要素	
1	该固体与空气接触 5 min 内燃烧	图形符号	
		信号词	危险
		危险说明	暴露在空气中自燃

实验室常见的自燃物有黄磷、还原铁、还原镍，以及多种作为聚合催化剂(或原料)的金属有机化合物(如三烷基硼、三乙基铝、三丁基硼、烷基卤化镁等)，如图 4-11。

有机金属化合物的溶液，接触空气便会着火。因此，有机金属化合物需密封保管，且不可置于可燃性物质附近。有机金属化合物，不但在空气中能自燃，遇水还会强烈分解，产生易燃的氢气，引起燃烧爆炸。

(a)保存在水中的黄磷　　(b)惰性气体下储存的十四烷基氯化镁

图 4-11　实验室常见的自燃物

因此，在制备、储存及使用中必须用惰性气体进行保护。

2. 自热物质和混合物

除自燃液体或自燃固体外，与空气反应不需要能量供应就能够自热的固态或液态物质或混合物，称为自热物质或自热混合物。

因为物质或混合物的自热是一个过程，其中物质或混合物与(空气中的)氧气逐渐发生反应，产生热量。如果热产生的速度超过热损耗的速度，该物质或混合物的温度便会上升，经过一段时间，可能导致自发点火和燃烧。因此，与自燃液体或自燃固体不同，自热物质或混合物仅在大量(公斤级)并经过长时间(数小时或数天)才会发生自燃。例如油纸、动(植)物油等。

根据《化学品分类和标签规范　第 12 部分：自热物质和混合物》(GB 30000.12—2013)，自热物质和混合物的分类标准及标签要素如表4-15所示。

表 4-15　　自热物质和混合物的分类标准及标签要素

危险类别	标准	标签要素	
1	边长 25 mm 立方体试样在 140℃ 下试验时得到肯定的结果	图形符号	
		信号词	危险
		危险说明	自热；可能燃烧

续表

危险类别	标准	标签要素	
2	(a)用边长 100mm 立方体试样在 140℃下做试验时取得肯定结果，用边长 25mm 立方体试样在 140℃下做试验取得否定结果，并且该物质或混合物将装在体积大于 3m³的包装件内；或 (b)用边长 100mm 立方体试样在 140℃下做试验时取得肯定结果，用边长 25mm 立方体试样在 140℃下做试验取得否定结果，用边长 100mm 立方体试样在 120℃下做试验取得肯定结果，并且该物质或混合物将装在体积大于 450L 的包装件内；或 (c)用边长 100mm 立方体试样在 140℃做试验时取得肯定结果，用边长 25mm 立方体试样在 140℃下做试验取得否定结果，并且用边长 100mm 立方体试样在 100℃下做试验取得肯定结果	图形符号	
		信号词	警告
		危险说明	数量大时自热；可能燃烧

3. 自反应物质和混合物

即使没有氧(空气)也容易发生激烈放热分解的热不稳定液态或固态物质或者混合物，称为自反应物质或混合物，但不包括根据 GHS 分类为爆炸物、有机过氧化物或氧化性物质和混合物。自反应物质或混合物如果在实验室试验中其组分容易起爆、迅速爆燃或在封闭条件下加热时显示剧烈效应，应视为具有爆炸性质。

根据《化学品分类和标签规范　第 9 部分：自热物质和混合物》(GB 30000.9—2013)，自热物质和混合物的分类标准及标签要素如表 4-16 所示。其中分类标准的判定逻辑较复杂，文中不赘述，可查阅此国家标准及联合国《关于危险货物运输的建议书 规章范本》(第十七修订版)。

表 4-16　　　　　　　自反应物质和混合物的分类标准及标签要素　　　　　　　

危险类别	标准	标签要素	
A 型	根据《规章范本》的第二部分的试验结果并应用附录 A 的判断逻辑	图形符号	
		信号词	危险
		危险说明	加热可能爆炸
B 型	按照《试验和标准手册》的第 II 部分系列 A~H 的试验结果和应用附录 A	图形符号	
		信号词	危险
		危险说明	加热可能爆炸或起火
C 型和 D 型	按照《试验和标准手册》的第 II 部分系列 A~H 的试验结果和应用附录 A	图形符号	
		信号词	危险
		危险说明	加热可能起火
E 型和 F 型	按照《试验和标准手册》的第 II 部分系列 A~H 的试验结果和应用附录 A	图形符号	
		信号词	警告
		危险说明	加热可能起火
G 型	按照《试验和标准手册》的第 II 部分系列 A~H 的试验结果和应用附录 A	图形符号	本危险类别没有分配标签要素
		信号词	
		危险说明	

肼基三硝基甲烷和有机偶氮化合物是典型的自反应物质。肼基三硝基甲烷含有大量的有效氧，可以作为固体推进剂的高能氧化剂使用。

4. 遇水放出易燃气体的物质或混合物

遇水放出易燃气体的物质或混合物是指，通过与水作用，容易具有自燃性或放出危险数量的易燃气体的固态或液态物质和混合物。根据《化学品分类和标签规范 第 13 部分：遇水放出易燃气体的物质或混合物》（GB 30000.13—2013），遇水放出易燃气体的物质或混合物的分类标准及标签要素如表 4-17 所示。

表 4-17 　遇水放出易燃气体的物质或混合物的分类标准及标签要素

危险类别	标准	标签要素	
1	在环境温度下遇水起剧烈反应并且所产生的气体通常显示自燃的倾向，或在环境温度下遇水容易起反应，释放易燃气体的速度等于或大于每千克物质在任何 1min 内释放 10L 的任何物质或混合物	图形符号	
		信号词	危险
		危险说明	遇水放出可自然的易燃气体
2	在环境温度下遇水容易起反应，释放易燃气体的最大速度等于或大于每千克物质每小时释放 20L，并且不符合类别 1 的标准的任何物质或混合物	图形符号	
		信号词	危险
		危险说明	遇水放出易燃气体
3	在环境温度下遇水容易起反应，释放易燃气体的最大速度等于或大于每千克物质每小时释放 1L，并且不符合类别 1 和类别 2 的任何物质或混合物	图形符号	
		信号词	警告
		危险说明	遇水放出易燃气体

遇水放出易燃气体的物质或混合物可引起火灾，甚至爆炸。引起着火有两种情况，一是遇水发生剧烈的化学反应，释放出的热量能把反应

产生的可燃气体加热到自燃点，不经点火也会着火燃烧，如金属钠遇水产生氢气，碳化钙（又称乙炔钙或电石）遇水生成乙炔等；另一种是遇水能发生化学反应，但释放出的热量较少，不足以把反应产生的可燃气体加热至自燃点，但当可燃气体接触火源也会立即着火燃烧甚至爆炸，如氢化钙遇水释放出氢气。

此外，有些遇水放出易燃气体的物质遇水后还可能释放出有毒气体和其他具有腐蚀性的产物，例如保险粉（连二亚硫酸钠）与水接触后会释放大量的热和二氧化硫、硫化氢等有毒气体；磷化钠不仅本身剧毒，其遇水立刻分解放出剧毒、可燃的磷化氢气体。图 4-12 列举了几种实验室常见的遇水放出易燃气体的物质。

(a)碳化钙（电石） (b)保险粉(连二亚硫酸钠) (c)氢化钙

图 4-12 实验室常见的遇水放出易燃气体的物质

(六)金属腐蚀剂

通过化学作用会显著损伤或甚至毁坏金属的物质或混合物称为金属腐蚀物（剂）。根据《化学品分类和标签规范 第 17 部分：金属腐蚀物》（GB 30000.17—2013），金属腐蚀物的分类及标签要素如表 4-18 所示。

表 4-18　　　　　　金属腐蚀物的分类标准及标签要素

危险类别	标准	标签要素	
1	在试验温度 55℃ 下，钢或铝表面的腐蚀速率超过 6.25mm/年	图形符号	
		信号词	警告
		危险说明	可能腐蚀金属

生活中，金属的腐蚀现象非常普遍。如铁制品生锈($Fe_2O_3 \cdot xH_2O$)，铝制品表面出现白斑(Al_2O_3)，铜制品表面产生铜绿($Cu_2(OH)_2CO_3$)，银器表面变黑(Ag_2S，Ag_2O)等都属于金属腐蚀。如图4-13所示。

(a)铁制工具生锈

(b)铝制汽车零件出现白斑

(c)铜制饰品表面产生铜绿

(d)银制饰品表面变黑

图4-13　生活中常见的金属的腐蚀现象

实验室中，金属腐蚀物也十分常见。根据化学性质，金属腐蚀物又可分为酸性腐蚀物、碱性腐蚀物和其他腐蚀物，酸性腐蚀物又分为一级酸性腐蚀物和二级酸性腐蚀物。表4-19和图4-14分别列举了实验室常见的金属腐蚀物和金属腐蚀现象。

表4-19　　　　　　　　　　　实验室常见的金属腐蚀物

类别	化学品名称
一级酸性腐蚀物	氢氟酸、浓硫酸、浓盐酸、硝酸、苯甲酰氯等
二级酸性腐蚀物	磷酸、冰醋酸、三氯化锑、四碘化锡等
碱性腐蚀物	氢氧化钠、氢氧化钾、醇钠等
其他腐蚀物	亚氯酸钠溶液、氯化铜溶液、氯化锌溶液、甲醛溶液等

(a)镁在盐酸中的腐蚀　　(b)铁在稀硫酸中的腐蚀　　(c)铝在氢氧化钠中的腐蚀

图 4-14　金属腐蚀物与金属发生化学反应

腐蚀时，在金属的界面上发生了化学或电化学多相反应，使金属转入氧化(离子)状态。这会显著降低金属材料的强度、塑性、韧性等力学性能，破坏金属构件的几何形状，增加零件间的磨损，恶化电学和光学等物理性能，缩短设备的使用寿命，甚至造成火灾、爆炸等事故。

此外，金属腐蚀物一旦发生泄露，试剂柜隔层易被腐蚀损坏，因此，应将金属腐蚀物储存在耐腐蚀试剂柜中，或在试剂柜隔板上放置耐腐蚀的塑料托盘，将金属腐蚀物置于托盘中。

二、化学品的健康危害

化学品对健康的影响可从轻微的皮疹到一些急、慢性伤害甚至癌症，危害更严重的是一些化学灾害性事故。例如，1984 年 12 月 3 日印度博帕尔镇联合碳化厂发生的异氰酸甲酯泄漏事故，使 20 万人受害，2500 人丧生；1991 年江西上饶地区发生一甲胺泄漏事故，中毒人数达150 人，死亡 41 人。因此了解化学物质对人体危害的基本知识，对于加强化学品管理、防止中毒事故的发生是十分必要的。

化学品对人体健康的危害程度，不仅取决于化学品的理化性质，还与机体的接触方式、接触时间和接触量密切相关。一次接触或短期多次接触化学品后，较短时间内表现出的对健康的影响称为短期健康危害；一次或反复多次接触化学品后，对身体造成长期持续的健康损害称为长期健康危害。

另一方面，同一种化学物质进入人体后，在不同的组织和器官中的分布是不均匀的，有些化学物质相对集中于某组织或器官中，我们称这个器官为靶器官。例如铅、氟主要集中在骨质，苯多分布于骨髓及类脂质。化学品的毒作用可分为以下临床类型。

1. 刺激

一般受刺激的部位为皮肤、眼睛和呼吸系统。

(1)皮肤刺激。当某些化学品和皮肤接触时，化学品可使皮肤保护层脱落，而引起皮肤干燥、粗糙、疼痛，这种情况称作皮炎，许多化学品能引起皮炎。

(2)眼部刺激。化学品和眼部接触导致的伤害轻至轻微的、暂时性的不适，重至永久性的伤残，伤害严重程度取决于化学品的危害种类、接触剂量及采取急救措施的速度。

(3)呼吸系统刺激。雾状、气态、蒸气化学品与上呼吸系统(鼻和咽喉)接触时，会产生火辣的感觉，这一般是由可溶物引起的，如氨水、甲醛、二氧化硫、酸、碱，它们易被鼻咽部湿润的表面所吸收。

化学品对气管的刺激可引起气管炎，甚至严重损害气管和肺组织，如二氧化硫、氯气、煤尘。还有一些化学品可能会渗透到肺泡区，引起强烈的刺激。二氧化氮、臭氧以及光气等化学物质与肺组织反应后，可在短时间内引起肺水肿，由开始的强烈的刺激感，逐渐出现咳嗽、呼吸困难(气短)、缺氧以及痰多等症状。

2. 过敏

接触某些化学品可引起过敏，由于体质差异，过敏反应有强有弱，也有快有慢。有些人接触后很快产生过敏反应，有些人开始接触时可能不会出现过敏症状，然而长时间的暴露会引起身体的反应。即便是接触低浓度化学物质也可能产生过敏反应，皮肤和呼吸系统都有可能会受到过敏反应的影响。

(1)皮肤过敏。一种看似皮炎(皮疹或水疱)的症状，这种症状不一定在接触的部位出现，而可能在身体的其他部位出现，例如，环氧树脂，胺类硬化剂，偶氮染料，煤焦油衍生物和铬酸等，可能会引起皮炎症状。

(2)呼吸系统过敏。呼吸系统对化学物质的过敏可引起职业性哮喘，这种症状的反应常包括咳嗽和呼吸困难(如气喘和呼吸短促)，可能引起呼吸系统过敏的化学品有甲苯、聚氨酯、福尔马林等。

3. 缺氧(窒息)

窒息涉及对身体组织氧化作用的干扰，这种症状分为三种：单纯窒息、血液窒息和细胞内窒息。

(1)单纯窒息。这种情况是由于周围氧气被惰性气体所代替，如氮气、二氧化碳、乙烷、氢气或氦气等，而使氧气量不足以维持生命的继续。一般情况下，空气中含氧21%，如果空气中氧浓度降到17%以下，机体组织的供氧不足，就会引起头晕、恶心，调节功能紊乱等症状。这种情况一般发生在空间有限的工作场所，缺氧严重时导致昏迷，甚至死亡。

(2)血液窒息。这种情况是由于化学物质直接影响机体传送氧的能力，典型的血液窒息性物质就是一氧化碳。空气中一氧化碳含量达到0.05%时就会导致血液携氧能力严重下降。

(3)细胞内窒息。这种情况是由于化学物质直接影响机体和氧结合的能力，如氰化氢、硫化氢，尽管血液中含氧充足，但这些物质影响细胞和氧的结合能力，进而导致缺氧。

4. 昏迷和麻醉

接触高浓度的乙醇、丙醇、丙酮、丁酮、乙炔、烃类、乙醚、异丙醚等化学品可能会导致中枢神经抑制。这些化学品有类似醉酒的作用，一次大量接触可导致昏迷甚至死亡。

5. 全身中毒

人体是由许多系统组成的，全身中毒是指化学物质引起的对一个或多个系统产生有害影响并扩展到全身的现象，这种作用不局限于身体的某一点或某一区域。

肝脏的作用是净化血液中的有毒物质并在排泄前将它们转化成无害的和水溶性的物质。然而有一些物质是对肝脏有害的，根据接触的剂量和频率，反复损害肝脏组织可能引起病变(肝硬化)和降低肝脏的功能，例如溶剂酒精，四氯化碳，三氯乙烯，氯仿，也可能被误认为病毒性肝炎，因为这些化学物质引起肝损伤的症状(黄皮肤、黄眼睛)类似于病毒性肝炎。

肾是泌尿系统的一部分，它的作用是排除由身体产生的废物，维持水、盐平衡，并控制和维持血液中的酸度。泌尿系统各部位都可能受到有毒物质损害，如慢性铍中毒常伴有尿路结石，杀虫脒中毒可出现出血性膀胱炎等，但常见的还是肾损害。不少生产性毒物对肾有毒性，尤以重金属和卤代烃最为突出。如汞、铅、铊、镉、四氯化碳、氯仿、六氟丙烯、二氯乙烷、溴甲烷、溴乙烷、碘乙烷等。

神经系统控制机体的活动功能，它也能被一定的化学物质所损害。长期接触一些有机溶剂可能引起疲劳、失眠、头痛、恶心，更严重的将导致运动神经障碍、瘫痪、感觉神经障碍等；与己烷、锰和铅接触，可能引起神经末梢不起作用，导致腕垂病；接触有机磷酸盐化合物，如对硫磷，可能导致神经系统失去功能；接触二硫化碳，可引起精神紊乱（精神病）。

另外，接触一定的化学物质可能对生殖系统产生影响，导致男性不育、怀孕妇女流产，如二溴化乙烯、苯、氯丁二烯、铅、有机溶剂和二硫化碳等化学物质与男性工人不育有关，流产与接触麻醉性气体、戊二醛、氯丁二烯、铅、有机溶剂、二硫化碳和氯乙烯等化学物质有关。

6. 致癌

长期接触一定的化学物质可能引起细胞的无节制生长，形成癌性肿瘤。这些肿瘤可能在第一次接触这些物质以后许多年才表现出来，这一时期被称为潜伏期，一般为4~40年。造成职业肿瘤的部位是变化多样的，未必局限于接触区域，如砷、石棉、铬、镍等物质可能导致肺癌；铬、镍、木材、皮革粉尘等可引起鼻腔癌和鼻窦癌；膀胱癌与接触联苯胺、萘胺、皮革粉尘等有关；皮肤癌与接触砷、煤焦油和石油产品等有关；接触氯乙烯单体可引起肝癌；接触苯可引起再生障碍性贫血。

7. 致畸

接触化学物质可能对未出生胎儿造成危害，干扰胎儿的正常发育，在怀孕的前三个月，脑、心脏、胳膊和腿等重要器官正在发育，一些研究表明化学物质可能干扰正常的细胞分裂过程，如麻醉性气体、水银和有机溶剂，从而导致胎儿畸形。

8. 致突变

某些化学品对工人遗传基因的影响可能导致后代发生异常，有研究表明，80%~85%的致癌化学物质对后代有影响。

9. 尘肺

尘肺是由于在职业活动中长期吸入生产性粉尘（灰尘），并在肺内潴留而引起的以肺组织弥漫性纤维化(疤痕)为主的全身性疾病。尘肺很难在早期发现肺的变化，当 X 射线检查发现这些变化的时候病情已经较重了。尘肺病患者肺的换气功能下降，在紧张活动时将发生呼吸短促症状，这种作用是不可逆的，能引起尘肺病的物质有石英晶体、石棉、滑石粉、煤粉和铍。

化学毒物引起的中毒往往是多器官、多系统的损害。如常见毒物铅可引起神经系统、消化系统、造血系统及肾脏损害；三硝基甲苯中毒可出现白内障、中毒性肝病、贫血、高铁血红蛋白血症等。同一种毒物引起的急性和慢性中毒其损害的器官及表现亦可有很大差别。例如，苯急性中毒主要表现为对中枢神经系统的麻醉作用，而慢性中毒主要为造血系统的损害。这在有毒化学品对机体的危害作用中是一种很常见的现象。此外，有毒化学品对机体的危害，尚取决于一系列因素和条件，如毒物本身的特性(化学结构、理化特性)，毒物的剂量、浓度和作用时间，毒物的联合作用，个体的敏感性等。总之，机体与有毒化学品之间的相互作用是一个复杂的过程，中毒后的表现千变万化。因此，在接触、使用化学品时，了解其理化属性，做好个人防护尤为重要。

三、化学品的环境危害

化学品泄漏、化学品废弃物未处置(或处置不到位)即排放均可对环境造成危害。《化学品分类和危险性公示 通则》(GB 13690—2009)中，将化学品对环境的危害分为水生环境危害和臭氧层危害。

化学品进入水体后，对鱼类、藻类、甲壳纲动物及其他水生生物造成的伤害称为水生环境危害。化学品对水生环境的危害可分为急性(短期)危害和长期危害。长期危害，即化学品的慢毒性对在水中长期暴露的水生生物造成的伤害。反之，化学品的急毒性对在水中短时间暴露的水生生物造成的伤害称为急性(短期)危害。根据化学品的危害程度，急性危害分为 3 个类别，长期危害分为 4 个类别(GHS 的核心部分是由 3 个急性分类类别和 3 个慢性分类类别组成的)。常见的具有水生环境危害的化学品有重金属、砷、氰化物、吲哚、苯酚、多环芳烃、有机氯农药等，如图 4-15 所示。

札记

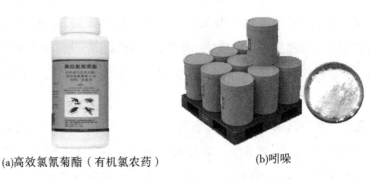

(a)高效氯氰菊酯（有机氯农药）　　　　　(b)吲哚

图 4-15　具有水生环境危害的化学品

地球大气上空平流层（臭氧层）的臭氧从 1970 年代开始每年递减，这种现象被称为臭氧空洞。《关于消耗臭氧层物质的蒙特利尔议定书》及其《议定书修正》规定了 15 种氯氟烷烃（CFCs）、3 种哈龙（卤代烷）、40 种含氢氯氟烷烃（HCFCs）、34 种含氢溴氟烷烃（HBFCs）、四氯化碳（CCl_4）、甲基氯仿（CH_3CCl_3）和甲基溴（CH_3Br）为控制使用的消耗臭氧层物质，也称受控物质。这些受控制物产生的氯化物和溴化物对臭氧分解起催化作用，进而破坏臭氧层。

第四节　管制类化学品的分类及购买

管制类化学品是指国家规定管制的化学品，管制类化学品的生产、储存、使用、经营、运输均受到公安部门的监管。化学实验室常涉及的管制类化学品包括易制毒化学品、易制爆化学品、剧毒化学品。

一、管制类化学品的分类

（一）易制毒化学品的分类

易制毒化学品是指国家规定管制的可用于制造毒品的前体、原料和化学助剂等物质。《易制毒化学品管理条例》（国务院令第 445 号）中规定，易制毒化学品分为三类。第一类是可以用于制毒的主要原料，第二类、第三类是可以用于制毒的化学配剂。易制毒化学品的具体分类和品种如表 4-20 所示。

表 4-20　　　　　　　　**易制毒化学品分类和品种（2021 版）**　　　　　　　　札记

类别	名称	CAS 号
第一类	1. 1-苯基-2-丙酮	103-79-7
	2. 3，4-亚甲基二氧苯基-2-丙酮	4676-39-5
	3. 胡椒醛	120-57-0
	4. 黄樟素	94-59-7
	5. 黄樟油	94-59-7
	6. 异黄樟素	120-58-1
	7. N-乙酰邻氨基苯酸	89-52-1
	8. 邻氨基苯甲酸	118-92-3
	9. 麦角酸*	82-58-6
	10. 麦角胺*	113-15-5
	11. 麦角新碱*	60-79-7
	12. 麻黄素、伪麻黄素、消旋麻黄素、去甲麻黄素、甲基麻黄素、麻黄浸膏、麻黄浸膏粉等麻黄素类物质*	299-42-3
	13. 羟亚胺	90717-16-1
	14. 1-苯基-2-溴-1-丙酮	23022-83-5
	15. 3-氧-2-苯基丁腈	5558-29-2
	16. N-苯乙基-4-哌啶酮	39742-60-4
	17. 4-苯胺基-N-苯乙基哌啶	21409-26-7
	18. N-甲基-1-苯基-1-氯-2-丙胺	25394-24-5
	19. 邻氯苯基环戊酮	6740-85-8
第二类	1. 苯乙酸	103-82-2
	2. 醋酸酐	108-24-7
	3. 三氯甲烷	67-66-3
	4. 乙醚	60-29-7
	5. 哌啶	110-89-4
	6. 1-苯基-1-丙酮	93-55-0
	7. 溴素	7726-95-6
	8. α-苯乙酰乙酸甲酯	
	9. α-乙酰乙酰苯胺	
	10. 3，4-亚甲基二氧苯基-2-丙酮缩水甘油酸	
	11. 3，4-亚甲基二氧苯基-2-丙酮缩水甘油酯	

续表

类别	名称	CAS 号
第三类	1. 甲苯	108-88-3
	2. 丙酮	67-64-1
	3. 甲基乙基酮	78-93-3
	4. 高锰酸钾（注 3）	7722-64-7
	5. 硫酸	7664-93-9
	6. 盐酸	7647-01-0
	7. 苯乙腈	140-29-4
	8. γ-丁内酯	96-48-0
注：	1. 第一类、第二类所列物质可能存在的盐类，也纳入管制。 2. 带有 ∗ 标记的品种为第一类中的药品类易制毒化学品，第一类中的药品类易制毒化学品包括原料药及其单方制剂。 3. 高锰酸钾既属于易制毒化学品也属于易制爆化学品。	

（二）易制爆化学品的分类

《易制爆危险化学品治安管理办法》（公安部令第 154 号）中规定，易制爆危险化学品是指列入公安部确定、公布的易制爆危险化学品名录，可用于制造爆炸物品的化学品。易制爆化学品包含 74 种，分为 9 大类，即酸类、硝酸盐类、氯酸盐类、高氯酸盐类、重铬酸盐类、过氧化物和超氧化物类、易燃物还原剂类、硝基化合物类以及其他类，由于各类别下品种较多，文中未列出，具体可查询《易制爆危险化学品名录》（2017 年版）。

（三）剧毒化学品的分类

剧毒化学品是指具有剧烈毒性危害的化学品，包括人工合成的化学品及其混合物和天然毒素，还包括具有急性毒性易造成公共安全危害的化学品。剧毒化学品包含 148 种，例如烯丙胺、苯基氢氧化汞、丙腈、

叠氮化钠、氯甲硫磷等。因剧毒品种类较多，文中未列出，具体可查询

札记

《危险化学品目录》(2015 版)。

二、管制类化学品的购买

管制类化学品的购买、使用、出入库等程序均受到公安部门的监管，使用单位需在公安部门进行备案登记，而后方可在线上管理系统内申购。必须通过具有销售许可资质的单位购买，禁止任何单位和个人私自购买、接收或转让管制类化学药品；购买后，需及时在系统内登记入库，领用、回库、出库等动态详情也需在系统内如实录入。

易制毒化学品服务平台已于 2022 年 1 月 1 日进行全国统一，网址为 http：//gayzd.com/。易制爆、剧毒化学品管理平台暂未全国统一，例如，湖北省易制爆危险化学品及剧毒化学品的管理均在"湖北省危险化学品管理信息系统"内完成，易制爆化学品和剧毒化学品单独备案，购买流程也不完全一致；北京市易制爆危险化学品的管理在"北京易制爆危险化学品流向管理信息系统"内，剧毒化学品的管理在"北京剧毒化学品流向管理信息系统"内，二者为独立系统。管制类化学品的购买需遵守当地公安部门的具体规定。不同省份的管制类化学品管理信息系统示例如图 4-16 所示。

(a)易制毒化学品服务平台　(b)湖北省危险化学品管理信息系统

(c)北京易制爆危险化学品流向管理信息系统　(d)北京剧毒化学品流向管理信息系统

图 4-16　管制类化学品管理信息系统示例

第五节 危险化学品储存与管理

一、危险化学品的储存

每一类化学品的化学性质不同，在储存方面，应针对化学品的特性采取相应的储存方法。根据《常用化学危险品贮存通则》（GB 15603—1995）的规定，储存危险化学品的基本安全要求如下。

（1）贮存危险化学品必须遵照国家法律、法规和其他有关的规定。根据化学品的种类、特性，设置相应的监测、通风、防晒、调温、防火、灭火、防爆、泄压、防毒、消毒、中和、防潮、防雷、防静电、防渗漏、防护围堤等安全设施、设备，并按照国家标准和有关规定进行维护、保养，保证符合安全运行要求。

（2）储存危险化学品的库房应有明显的标志，标志应符合《危险货物包装标志》（GB 190—2009）的规定。同一区域储存两种或两种以上不同级别的危险化学品时，按最高等级危险化学品的性能设置标志。

（3）危险化学品库房实行双人双锁、专人管理，并安装铁门、铁窗。

（4）危险化学品储存场所需设置通讯、报警装置，并保证在任何情况下均处于正常使用状态。

（5）危险化学品必须分类分项存放，堆垛间距符合有关规定，不得超量储存；仓库出入口和通向消防设施的道路应保持畅通。

（6）易制毒、易制爆及剧毒化学品必须分别储存在专用库房内，与周围生活区、办公室及重要设施保持安全距离。储存方式、方法与储存数量必须符合国家标准，并由具备专业知识的人员管理，管理人员必须配备可靠的个人安全防护用品。

（7）实验室内不得存放大量的易燃、易爆化学品（包括废液），如汽油、酒精、乙醚、苯类、丙酮及其他易燃有机溶剂等。少量易燃、易爆试剂应放在远离热源或带锁的防爆冰箱内。

（8）易挥发试剂应贮放在通风良好或备有通风设备的房间内。易燃易爆药品应贮存于铁皮箱或砂箱中。剧毒试剂，如汞盐等，应贮存于保险柜中，并有专人保管。

（9）易燃药品应与氧、氯、氧化剂等分贮，严禁烟火及曝晒，低温保存，最高不超过28℃。易燃液体则应密塞后置于底层放置，注意通风。

（10）遇水燃烧的药品贮存时应避开水源，注意防水、防潮，并不得与酸及氧化剂、含水物等共贮。

（11）贮存氧化剂时，应将无机氧化剂与有机氧化剂分别保存，不应与亚硝酸盐、次氯酸盐、亚氯酸盐混贮。

二、危险化学品的安全管理

使用单位及科研团队需认真执行各级管理规定，自觉做好危险化学品的使用管理工作。根据谁主管谁负责，谁使用谁负责的原则，结合具体情况，建立各级使用管理责任制。可根据以下几项基本要求进行管理。

（1）危险化学品严格执行"五双"管理制度。即：双人保管、双人收发、双人领料、双锁、双账。

（2）管制类化学品出、入库前均应按单据进行检查验收、登记。验收内容包括：名称、规格、数量、质量、包装、危险标志、有无泄漏、安全技术说明书和安全标签等，经检验合格后方可入库、出库；性质不明、包装损坏的物品一律不准入库。

（3）建立危险化学品台账，如实记录日常进出的品种、数量、日期、领用人、保管人等情况，收回最小单位包装物并保存备查做到账目清楚，账物相符。其中，易制毒化学品、易制爆化学品和剧毒化学品需分别建立专用账目。

（4）危险化学品入库后应采取适当的养护措施，在贮存期内，定期检查，发现其品质变化、包装破损、渗漏、稳定剂短缺等，应及时处理。

（5）化学品包装物上应有符合规定的化学品标签。若化学品转移或分装至其他包装物内时，转移或分装的包装物应及时黏贴标识。化学品标签脱落、模糊或腐蚀后，应及时补上。

（6）搬动药品时必须轻拿轻放，严禁摔、滚、翻、掷、抛、拖拽、磨擦或撞击，以防引起爆炸或燃烧。

（7）领用危险化学品，采取限量领用制度（按实际用量），随用随领，并认真填写领用记录。已配成液体的剧毒品，一次未使用完的，要与一般试剂分开，放入专柜并加锁，由双人负责保管。

(8)化学品不得用于任何与教学、科研工作无关的事情。

(9)使用者对领取使用的危险化学品必须责任明确，妥善保管，分类存放。使用者应如实记录危险化学药品的使用情况，包括使用时间、用量、使用途径等，做到规范使用，账物相符。

(10)进行危险化学品实验操作时，应按相关操作规定，至少两人同时在场。

(11)严禁保管员、领用人单独进入化学品库房，库门要随开随锁。

(12)严格遵守领取、清退制度，实验领用、发放、回库要注意核对化学品名称、数量，须经双方确认；废瓶应清洗后登记上交。

第五章　化学实验室的基本安全操作

第一节　实验前准备

进入实验室前，应熟悉实验室周围的环境及安全设施，包括安全出口、紧急喷淋装置、洗眼器及灭火器材的位置。详读各级安全管理细则，穿戴防护用品，不得穿裙子、短裤、高跟鞋、拖鞋及凉鞋进入实验室。不得携带食品、餐具、生活用品等非实验必需品进入实验室。

进入实验室后，应熟悉实验室内水、电、气的开关。

实验前，应仔细阅读化学品安全技术说明书（SDS），了解所用化学品的理化性质及防护措施；熟知所用仪器设备的操作规程；需经过培训并考核合格后方可操作大型精密设备。

第二节　常见玻璃器皿的使用

玻璃是多种硅酸盐、铝硅酸盐、硼酸盐和二氧化硅等物质的复杂混熔体，具有良好的透明度、化学稳定性（氢氟酸除外）、较强的耐热性、一定的机械强度和良好的绝缘性能，并且价格低廉、加工方便、适用面广。因此，玻璃器皿是化学实验室必备的常规用品。

根据玻璃的化学组成，可分为软质玻璃、特硬玻璃和硬质玻璃。软质玻璃透明度好，但硬度、抗腐蚀性和耐热性差，用于如量筒、试剂瓶等不宜高温加热的玻璃器皿；特硬玻璃和硬质玻璃具有较好的热稳定性、化学稳定性，能耐热急变温差，受热不易发生破裂，用于允许加热的玻璃仪器，如烧杯、试管、烧瓶等。从断面处看颜色，软质玻璃的颜色呈青绿色，硬质玻璃的颜色呈黄色或白色，颜色越浅，质料越硬，重量越轻。

一、常用玻璃器皿的选用

化学实验室对常规用玻璃器皿的要求包括耐热、耐低温、干燥、储存、可重复使用等。日常工作中，常用的实验室玻璃器皿有试剂瓶、量筒、滴定管、容量瓶、试管、烧瓶、烧杯、锥形瓶、滴管、玻璃棒等。常用玻璃器皿的用途及注意事项如表 5-1 所示。

表 5-1   常用玻璃器皿的用途及注意事项

名称	主要用途	使用注意事项
量筒、量杯	粗略量取溶液体积	不可加热；不可盛热溶液；不能作反应容器；不能稀释浓酸、浓碱；不能储存溶液；不能用去污粉清洗以免刮花刻度；操作时要沿壁加入或倒出溶液
容量瓶	配制准确体积的标准溶液或被测溶液	不能在容量瓶里溶解溶质；不可直火加热；不可长时间或长期储存溶液；非标准磨口塞要保持原配；漏水不可用
移液管	准确移取一定体积的溶液	不应在烘箱中烘干；不能移取太热或太冷的溶液
烧杯	配制溶液；溶解样品；反应容器；加热；蒸发；滴定等	不可干烧；加热时应受热均匀；液量一般不可超过容器的 2/3；一般不用来存储液体
锥形瓶	加热；处理样品；滴定等	磨口瓶加热时要打开瓶塞；振荡时同向旋转；其余同烧杯使用注意事项
碘量瓶	碘量法及其他产生挥发性物质的反应容器	磨口瓶加热时要打开瓶塞；其余同烧杯使用注意事项
滴管	吸取或滴加少量试剂	滴加时，滴管要保持垂直于容器正上方，避免倾斜，切忌倒立，不可伸入容器内部，不可触碰到容器壁；除吸取溶液外，管尖不能接触其他器物；不可一管二用
滴瓶	装需滴加的试剂	不能加热；不能在瓶内配制在操作过程放出大量热量的溶液；磨口塞要保持原配；放碱液的瓶子应使用橡皮塞，以免日久打不开

续表

名称	主要用途	使用注意事项
滴定管（酸式、碱式）	滴定	使用时先检查是否漏液；取滴液体时必须洗涤、润洗；碱式滴定管不可盛装酸性和强氧化剂液体；酸式滴定管不可装碱性溶液；不可加热
称量瓶	矮形用作测定干燥失重或在烘箱中烘干基准物；高形用于称量基准物、样品	不可盖紧磨口塞烘烤，磨口塞要原配
试剂瓶	细口瓶用于存放液体试剂；广口瓶用于装固体试剂	不可加热；不能在瓶内配制在操作过程放出大量热量的溶液；碱性物质应用橡胶塞，不宜用玻璃塞；玻璃试剂瓶不可盛装氢氟酸；见光易分解或变质的试剂一般盛于棕色瓶；磨口塞要保持原配
圆底、平底烧瓶	加热；蒸馏	避免直火加热；平底烧瓶不能长时间用来加热
蒸馏烧瓶	蒸馏	避免直火加热；应选用合适的橡胶塞，特别注意检查气密性是否良好；加热时，液体量不超过容积的2/3，不少于容积的1/3
凯氏烧瓶	消解有机物质	置石棉网上加热；瓶口方向勿对向自己或他人
滴液/分液漏斗（球形、梨形、筒形）	分开两种互不相溶的液体；萃取分离和富集（多用梨形）；制备反应中加液体（多用球形及滴液漏斗）	磨口旋塞必须原配；漏水不可使用
冷凝管	冷却蒸馏出的液体；蛇形管适用于冷凝低沸点液体蒸汽；空气冷凝管用于冷凝沸点150℃以上的液体蒸汽	不可聚冷聚热；下口进冷水，上口出水

续表

名称	主要用途	使用注意事项
抽滤瓶	抽滤时接收滤液	可耐负压；不可加热
垂熔玻璃漏斗	过滤	必须抽滤；不可骤冷骤热；不可过滤氢氟酸、碱等；用毕立即清洗
垂熔玻璃坩埚	重量分析中烘干需称重的沉淀	同垂熔玻璃漏斗
试管（普通试管、离心试管）	定性分析检验离子；离心试管可在离心机中借离心作用分离溶液和沉淀	硬质玻璃制的试管可直接在火焰上加热，但不能骤冷；离心管只能水浴加热
比色管	比色、比浊分析	不可直火加热；非标准磨口塞必须原配；注意保持管壁透明；不可用去污粉刷洗
研钵	研钵固体试剂及试样等	避免撞击；不可烘烤；不能研磨与玻璃作用的物质
表面皿	盖烧杯及漏斗等	不可直火加热；直径要略大于所盖容器
玻璃棒	搅拌；引流；蘸取液体	搅拌时朝一个方向搅拌；避免碰撞容器壁、容器底
漏斗	长颈漏斗用于定量分析，过滤沉淀；短颈漏斗用作一般过滤	

选用玻璃器皿前，实验人员不仅应对不同类型的玻璃器皿的用途有初步了解，还需确定玻璃器皿与化学品或实验工艺的兼容性。

(一)化学兼容性

玻璃虽然有较好的化学稳定性，不受一般酸、碱、盐的侵蚀。但氢氟酸对玻璃有很强烈的腐蚀作用，故不能用玻璃仪器进行含有氢氟酸的实验。含有氢氟酸的实验，应使用塑料或聚四氟乙烯材质的器皿。

此外，碱液，特别是浓的或热的碱液，对玻璃也产生明显侵蚀。因此，玻璃容器不能用于长时间存放碱液，更不能使用磨口玻璃存放碱液。

(二)压力兼容性

玻璃器皿的耐压能力与玻璃材质、厚度、尺寸和盛放的介质密切相关。玻璃器皿一般为平口或磨口直接连接，气密性一般，若压力稍微高点，可能导致接口推脱。所以，一般普通的玻璃器皿，我们可以认为耐压能力为常压。

如果需要在真空或减压条件下实验，应确保所使用的玻璃器皿能承受一定的压力差，并尽可能的选择厚壁和圆底的。此外，由于聚合物具有抗冲击不易碎的特点，被聚合物包裹的玻璃器皿安全性更佳，即使玻璃破裂，外层聚合物也可以避免玻璃飞溅对实验人员和设备造成伤害。

(三)温度兼容性

软质玻璃按成分可分为钠钙玻璃（SiO_2，CaO，Na_2O）和钾玻璃（SiO_2，CaO，K_2O，Al_2O_3，B_2O_3），软质玻璃的软化温度较低，具有较显著的热膨胀系数，在温度发生急剧变化时，易发生破裂。而高硼硅玻璃的热膨胀系数较低，软化温度高，能够承受冷热聚变温差变化。因此，在进行加热或低温冷却实验时，应选择合适的玻璃器皿，切不可使用常规玻璃器皿替代。

二、常用玻璃器皿的洗涤和干燥

在化学实验室，洗涤玻璃器皿是一项重要的准备工作，器皿洗涤是否符合要求，对实验结果的准确和精密度均有影响。不同的实验内容对器皿的洗净要求不同，应根据实验的要求、污物的性质来选择。

(一)洁净方法及使用范围

(1)水洗。用于清洗水溶性物质、附着在器皿上的灰尘和某些不溶性物质。

(2)洗衣粉及去污粉清洗。用于可以用刷子直接刷洗的仪器，如烧杯、三角瓶、试剂瓶等。

(3)洗涤液清洗。多用于不便用刷子洗刷的仪器，如滴定管、移液管、容量瓶、蒸馏器等特殊形状的仪器，也用于洗涤刷子刷不下的结垢。洗液洗涤器皿是利用洗液本身与污物起化学反应的作用，将污物去除，因此需要浸泡一定的时间使其充分作用。

（4）超声清洗。超声波清洗机是实验室常用的清洗玻璃仪器的设备。具有清洗速度快、洁净度高等特点，能有效清洗焦油装物，可配合去污粉或化学清洗剂使用。

（二）洗涤液的类别

洗涤液简称洗液，根据不同的要求有不同的洗液。较常用的包括强酸氧化剂洗液、碱性洗液、碱性高锰酸钾洗液、纯酸纯碱洗液、有机溶剂等。

1. 强酸氧化剂洗液

强酸氧化剂洗液是用重铬酸钾和浓硫酸配成，俗称铬酸。重铬酸钾在酸性溶液中，有很强的氧化能力，可以清洗器皿上沾染的有机物、还原性物质及难溶物质等，并且，强酸氧化剂洗液对玻璃仪器又极少有侵蚀作用，所以这种洗液在实验室内使用最广泛。使用强酸氧化剂洗液时要切实注意不能溅到身上，以防"烧"破衣服和损伤皮肤。清洗废液不可倒入下水，应收集并按照实验室危废处理处置。

2. 碱性洗液

碱性洗液用于洗涤有油污物的仪器，用此洗液是采用长时间（24小时以上）浸泡法，或者浸煮法。常用的碱洗液有：碳酸钠液（即纯碱），碳酸氢钠（小苏打），磷酸钠（磷酸三钠）液，磷酸氢二钠液等。需要注意的是，从碱洗液中捞取仪器时，要戴乳胶手套，以免烧伤皮肤。

3. 碱性高锰酸钾洗液

取高锰酸钾4克加少量水溶解后，再加入100mL 10%氧氧化钠溶液即可配成碱性高锰酸钾洗液。用碱性高锰酸钾作洗液，作用缓慢，适合用于洗涤有油污的器皿。

4. 纯酸纯碱洗液

根据器皿上污垢的性质，直接用浓盐酸、浓硫酸或浓硝酸浸泡或浸煮器皿（温度不宜太高，否则浓酸挥发刺激人）。沾染重金属离子的器皿常使用纯酸洗液浸泡。

纯碱洗液多采用10%以上的氢氧化钠、氢氧化钾或碳酸钠液浸泡或浸煮器皿(可以煮沸)。

5. 有机溶剂

带有油性污物的器皿,可以用汽油、甲苯、二甲苯、丙酮、酒精、三氯甲烷、乙醚等有机溶剂擦洗或浸泡。但用有机溶剂作为洗液浪费较大,能用刷子洗刷的大件仪器尽量采用碱性洗液。只有无法使用刷子的小件或特殊形状的仪器才使用有机溶剂洗涤,如活塞内孔、移液管尖头、滴定管尖头、滴定管活塞孔、滴管、小瓶等。

(三)玻璃器皿的干燥

用于不同实验的玻璃器皿对干燥有不同的要求。一般定量分析使用的器皿洗净即可,而用于有机化学实验的器皿是要求干燥的。玻璃器皿常用的干燥方法包括:自然风干、烘干、气流吹干、有机溶剂干燥。

1. 自然风干

不急用或下次使用不要求干燥的器皿,可在蒸馏水冲洗后,倒置在无尘处控干水分,自然干燥。

2. 烘干

洗净的器皿控去水分,放在恒温干燥箱内烘干,玻璃器皿烘干温度一般控制在$80 \sim 100$℃。带实心玻璃塞及厚壁仪器烘干时,需慢慢升温且温度不可过高,以免破裂;称量瓶等器皿在烘干后需放置在干燥器中冷却、保存;容量仪器,如量筒、滴定管、移液管等,不可烘干。

3. 气流吹干

急于干燥使用的器皿或不适于烘干的器皿,可控去水分后,使用吹风机或气流干燥器把器皿吹干。实验室常见的气流烘干器如图5-1所示。

图 5-1　气流烘干器

札记

4. 有机溶剂干燥

急用的器皿也可使用有机溶剂干燥。通常使用无水乙醇或丙酮等与水互溶的有机溶剂对玻璃器皿进行润洗，残留在器皿内壁的有机溶剂易挥发，进而达到快速干燥器皿的目的。需注意的是，使用有机溶剂润洗过的器皿不可放在干燥箱内干燥，以免着火。

第三节 常见化学实验操作的基本准则

(1)向酒精灯内添加的酒精量不得超过酒精灯容积的 2/3，也不得少于容积的 1/3。

(2)加热物质时不得用酒精灯的内焰和焰心；禁止用一盏酒精灯点燃另一盏酒精灯；熄灭酒精灯时不得用嘴吹。

(3)试管加热时，手指不要按在夹子的短柄上；应对试管均匀加热后，再局部固定加热；切不可使试管口对着自己或旁人；试管内液体的体积一般不超过试管容积的 1/3；用试管加热固体时管口要略向下倾斜。

(4)在烧瓶口塞橡皮塞时，切不可把烧瓶放在桌上，再用力塞进塞子，以免压破烧瓶。

(5)点燃可燃性气体(如 H_2、C_2H_4、CH_4 等)或用 H_2、CO 还原 Fe_2O_3、CuO 之前均要先检验气体的纯度。

(6)安装发生装置时，遵循的原则是：自下而上，先左后右或先下后上，先左后右。

(7)取热的蒸发皿及坩埚要用坩埚钳，不可用手直接拿取。

(8)在回流、蒸馏液体时，需采取防暴沸措施，例如加入沸石或碎瓷片等。沸石在液体沸腾冷却后就会失效，再次开始加热前需要补加。

(9)稀释强酸(强碱)时，一定要在耐热的广口玻璃器皿中进行；浓硫酸溶于水会放出大量的热，水的密度比浓硫酸的密度小，所以如果将水倒入浓硫酸中水会浮在浓硫酸的上面而沸腾造成液滴飞溅。故稀释浓硫酸时，要把浓硫酸缓缓地沿器壁注入水中，同时用玻璃棒不断搅拌，以使热量及时地扩散；切不可把水注入浓硫酸中。

(10)铬酸洗液具有极强的氧化性和强酸性，并且六价铬离子也具有急性毒性、强腐蚀性和致癌性等，使用铬酸洗涤器皿时一定要做好个人防护；清洗废液倒入无机废液回收桶中，直至洗至无色后，洗液方可倒入下水道。

（11）制取有毒气体（如 Cl_2、SO_2、NO、NO_2 等）应在通风橱中进行。

（12）禁止将热的仪器放入冷水中冲洗。

（13）禁止在实验室内喝水、吃东西。饮食用具不要带进实验室，以防毒物污染，离开实验室及饭前要洗净双手。

第四节　使用化学品的通用准则

（1）实验前，应了解所用化学品的理化性质及防护措施，仔细阅读化学品安全技术说明书（SDS）。

（2）实验室里的任何化学药品都禁止手触、鼻闻、口尝。

（3）需定期检查化学品标签和容器是否有腐蚀、锈蚀和泄露等情况。

（4）取用液体化学品时，瓶塞应倒放在桌面上；试剂瓶上的标签应向着手心，不应向下；试剂瓶放回原处时标签应朝外。

（5）取用化学试剂时，若洒落在实验台和地面，须及时清理干净。

（6）实验结束后，用剩的化学品不得随意抛弃，也不要放回原瓶（活泼金属钠、钾等例外），应根据废弃化学品相关规定进行收集、处置。

（7）操作挥发性试剂，如 H_2S、Cl_2、Br_2、NO_2、浓 HCl 和 HF 等，应在通风橱内进行。

（8）苯、四氯化碳、乙醚、硝基苯等化学品的蒸气会引起中毒。它们虽有特殊气味，但久嗅会使人嗅觉减弱，所以应在通风良好的情况下使用。

（9）有些化学品（如苯、有机溶剂、汞等）能透过皮肤进入人体，应避免与皮肤接触。

（10）氰化物、高汞盐（如 $HgCl_2$、$Hg(NO_3)_2$ 等）、可溶性钡盐（如 $BaCl_2$）、重金属盐（如镉、铅盐）、三氧化二砷等剧毒药品，应妥善保管，使用时要特别小心。

（11）使用可燃性气体时，要防止气体逸出，室内通风要良好。

（12）操作可燃性气体时，严禁使用明火，还要防止发生电火花及其他撞击火花。

（13）许多有机溶剂，如乙醚、丙酮、乙醇、苯等，非常容易燃烧，大量使用时室内不能有明火、电火花或静电放电。

（14）强酸、强碱、强氧化剂、溴、磷、钠、钾、苯酚、冰醋酸等都会腐蚀皮肤，特别要防止溅入眼内。液氧、液氮等低温也会严重灼伤皮肤，使用时需佩戴有效的个人防护用品。

（15）离开实验室时，需彻底清洗双手和面部，确保没有化学品残留。

第六章　常用仪器的安全操作规范

　　实验室仪器是非常重要的教学、科研工具，分类管理实验设备，做好实验设备的日常维护十分重要。化学实验室配置实验设备种类繁多，从大类上可分为通用设备和特种设备，其中通用设备包括加热设备、制冷设备、离心设备、超声清洗仪、微波消解仪、电子精密天平、球磨机、通风橱、超净工作台等，特种设备主要有高压灭菌锅、气体钢瓶等。

第一节　加热设备

　　化学实验室内常用的加热设备有电炉、电热板、水（油）浴锅、电热枪、干燥箱、马弗炉、管式炉等。这些加热设备均具有高温和带电的特征，这使得加热设备具有潜在的安全隐患，使用时需特别注意。

一、电炉与电热枪

　　电炉和电热枪都是把电能转化为热能对物品进行加热的设备。电炉分为封闭式电炉及明火电炉，化学实验室应尽可能避免使用明火电炉，若必须使用，需由学校、学院审批，同时采取有效的安全措施。封闭式电炉的发热元件隐藏在炉面发热板内，与空气隔绝，可防止氧化，同时可避免由于接触液体、实验物品等造成加热元件短路。电炉与电热枪的基本操作流程如图6-1所示。

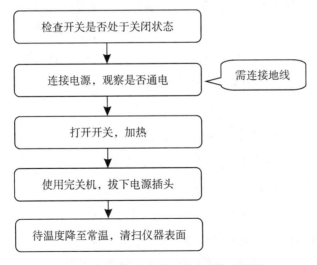

图6-1　电炉与电热枪的基本操作流程图

使用电炉和电热枪时，电源电压应与加热设备本身规定的电压相符，且设备连续工作时间不宜过长，以免影响其使用寿命。使用明火电炉时，若加热容器是玻璃制品或金属制品，电炉上应垫上石棉网，以防受热不均导致玻璃器皿破裂和金属容器触及电炉丝引起短路和触电事故。使用电热枪时，不可指向人体任何部位，使用后需进行冷却，不得堵塞和覆盖出风口或入风口；电热枪头部温度最高可达650℃，需佩戴耐热手套操作使用。此外，使用加热设备过程中，应随时观察温度变化，根据温度变化选择合理档位进行加热。

二、恒温水(油)浴锅

数显电热恒温水(油)浴锅(图6-2)主要用于实验室中蒸馏、干燥、浓缩及温浸化学药品或生物制品，也可用于恒温加热和其他温度实验。

恒温水浴锅通常用铜或铝制作，上盖有多个重叠的圆圈，适于放置不同规格的器皿。与恒温水浴锅相比，恒温油浴锅可提供更高的实验温度，油的选择根据所需温度而定：室温－150℃：甲基硅油；100～250℃：苯基硅油；200～300℃：350℃高温导热油。

(a)恒温水浴锅　　　　　　(b)恒温油浴锅

图6-2　化学实验室常用的加热设备(二)

恒温水(油)浴锅的基本操作流程如图6-3。

恒温水(油)浴锅使用时需注意以下几点：

(1)使用时必须有可靠的接地以确保使用安全。

(2)使用时请戴好安全防护手套，以免烫伤。

(3)加水(油)之前切勿接通电源，且在使用过程中，水(油)位必须高于电热管，切勿无水(油)或水(油)位低于电热管加热，否则会损坏加热管。

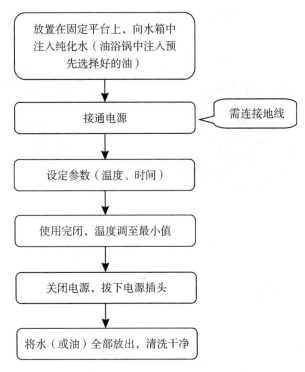

图 6-3　恒温水(油)浴锅的基本操作流程图

（4）水浴锅最好使用纯化水，以避免产生水垢。

（5）油浴锅禁止使用可燃性、挥发性高的油，所使用的油要根据温度和实验要求来定。

（6）注水(油)时不可放得太满，以免水(油)沸腾时流入隔层和控制箱内，发生触电事故。

（7）使用油浴锅时，应保证室内空气流通，远离火源、易产生火花地点。

（8）使用后箱内水(或油)应及时放净，并擦拭干净，保持清洁以利延长使用寿命。

三、干燥箱

干燥箱又称"烘箱"，主要用于干燥物品，也可提供实验所需的环境温度。因加热方式不同，可分为真空干燥箱和鼓风干燥箱两种(图6-4)。真空干燥箱是使用真空泵抽走箱体内的空气，使箱体内气压低于

札记

常压，使物品处于负压状态下干燥；鼓风干燥箱则是利用了箱体鼓风循环带动空气流动，将热风吹入箱体内，从而达到干燥的目的。

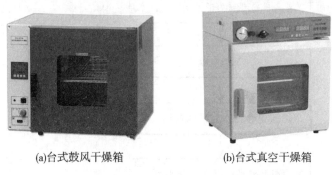

(a)台式鼓风干燥箱　　　　　(b)台式真空干燥箱

图 6-4　化学实验室常用的加热设备(三)

干燥箱的基本操作流程如下：

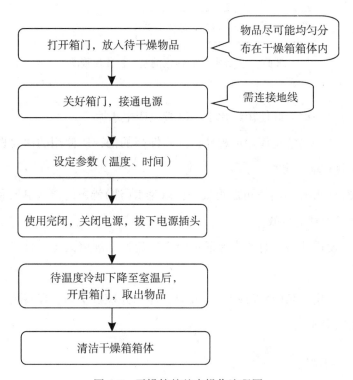

图 6-5　干燥箱的基本操作流程图

干燥箱属大功率高温设备，使用时要注意安全，防止火灾、触电及烫伤等事故。使用注意事项如下：

（1）应严格按照操作规程规定的步骤操作、使用干燥箱，干燥箱必须保持接地良好。

（2）干燥箱应安放在室内干燥、水平处，防止振动。电源线不可设置在金属器物旁，不可置于湿润环境中，避免橡胶老化导致漏电。

（3）为防止烫伤，取放物品时需佩戴防烫手套。

（4）不得在干燥箱内部、顶部存放物品；干燥箱周围严禁滞留、囤放易燃易爆等低燃点及酸性腐蚀性等易挥发性物品（例如有机溶剂、压缩气体、油盆、油桶、棉纱、布屑、胶带、塑料、纸张等）。

（5）严禁易燃、易爆、酸性、挥发性、腐蚀性等物料入箱。

（6）干燥箱在工作时不得在烘箱旁进行洗涤、刮漆和喷酒精等工作。

（7）干燥箱透明可视窗不可用有机溶剂擦拭，不可用锐物刮伤刮裂，需保持干净透亮。

（8）当箱内温度在100℃以上时请勿打开箱门；打开箱门前，必须先断电。

四、马弗炉

马弗炉是一种通用的加热设备，可用于元素分析测定前处理和淬火、退火、回火等热处理时加热用，高温马弗炉还可作金属、陶瓷的烧结、溶解、分析等高温加热用。马弗炉依据外观形状可分为箱式炉和管式炉（图6-6）。

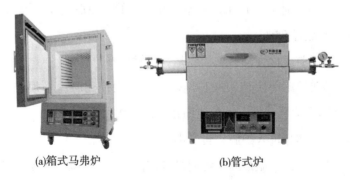

(a)箱式马弗炉　　　　　　　(b)管式炉

图6-6　化学实验室常用的加热设备（四）

马弗炉的基本操作流程如下：

札记

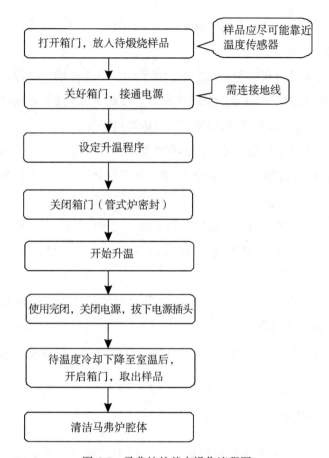

图 6-7 马弗炉的基本操作流程图

使用马弗炉时需注意以下事项：

（1）马弗炉需放置在坚固、平稳、不导电的平台上，周围没有导电尘埃、爆炸性气体及能严重破坏金属和绝缘的腐蚀性气体。周围环境的相对湿度不超过85%。

（2）使用前需检查马弗炉接线是否接触良好。

（3）马弗炉第一次使用或长期停用后再次使用时，必须进行烘炉，否则容易造成炉膛开裂。烘炉使用程序以说明书为准。

（4）先放样品进入炉腔，再开电源。

（5）使用时，炉温最高不得超过额定温度，以免烧毁电热元件。

（6）禁止向炉内灌注各种液体及易熔化的金属；金属及其矿物不允许直接放在炉膛内加热，必须置于瓷器皿中。

（7）马弗炉最好在低于最高温度50℃以下工作，此时炉丝有较长的寿命。

(8)热电偶不要在高温时骤然拔出，以防外套炸裂。

(9)打开炉门冷却时，炉门只开一条细缝，禁止全开。

(10)取出坩埚时，必须带防高温手套，使用坩埚钳从炉内取出坩埚。

(11)应保持炉膛清洁，及时清除炉内杂物及残留样品。

(12)管式炉气路需设置安全瓶及尾气处理瓶。

第二节　制冷设备

一、防爆冰箱

化学实验室常常使用常温条件下难以保存、易挥发、易燃易爆的危险化学品，因此需要将此类化学品储存在防爆冰箱内。但仍需注意：要根据化学品的理化性质分类储存，千万不要以为把需要低温保存的危险化学品放进防爆冰箱就安全了，混放的危险性是非常大的！

使用防爆冰箱需注意以下几点：

(1)冰箱通电后空箱运行1~6小时，确定冰箱可正常运行之后，再将实验物品放置进去。

(2)冰箱门上应粘贴警示标识。

(3)冰箱内严禁存放非实验用的食品与饮料；冰箱内存放的化学试剂必须粘贴信息标签，包含试剂名称、浓度、日期、配制人等信息。

(4)冰箱内不宜存放过多有机试剂，易挥发的有机试剂容器必须加盖密封，且需要定期打开冰箱门换气，避免挥发的有机蒸气在冰箱箱体内聚积。

(5)存放强酸、强碱及腐蚀性试剂时，应放置于防腐托盘中；需对存放在冰箱内的重心较高的试剂瓶、烧瓶等容器进行固定，避免容器倒伏、破碎造成试剂外溢。

(6)原则上不得超期使用冰箱(一般规定为10年)。

二、超低温冰箱

超低温冰箱(图6-8)，又称超低温冰柜、超低温保存箱。可用于电子器件、生物材料、试剂、菌种、特殊材料的低温试验及保存。一般常见的低温冰箱温度分为-45℃、-65℃、-86℃等。使用超低温冰箱时，需注意以下几点：

图 6-8 超低温冰箱

（1）强酸及腐蚀性的样品不宜冷冻。

（2）经常检查外门的封闭胶条，防止胶条老化，影响制冷效果。

（3）当发生停电事故时，必须关闭冰箱后面的电源开关和电池开关，等到恢复正常供电时先把冰箱后面的电源开关打开，然后再打开电池开关。

（4）散热对冰箱非常重要，要保持室内通风和良好的散热环境，环境温度不能超过30℃。

（5）存取样品时，冰箱门不要开得过大，尽量缩短存取时间。

（6）需每月清洗一次过滤网。先用吸尘器吸尘，然后用水冲洗，最后晾干复位。

（7）内部冷凝器也需定期吸尘，一般1~2个月清理一次。

三、低温循环泵

低温循环泵是采用机械制冷的低温液体循环设备，适用于需要维持低温条件下工作的各种化学化工、生物制药、物理实验如图6-9所示。化学实验室内，低温循环泵可作为低温浴使用，也可与磁力搅拌器、真空冷冻干燥箱、旋转蒸发器、循环水式真空泵、化学反应釜等仪器联合使用，进行冷却、低温反应。

图 6-9　低温循环泵

低温循环泵的基本操作流程如图 6-10 所示。

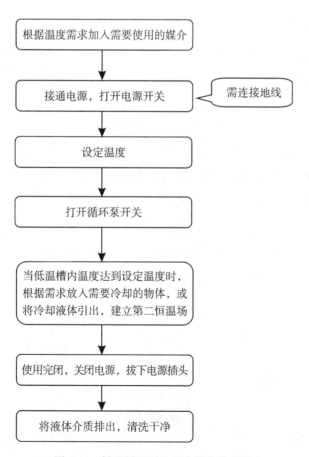

图 6-10　低温循环泵的基本操作流程图

使用低温循环泵时，需注意以下几点：

（1）使用前，应在槽内添加液体介质（一般选用无水乙醇），液体的介质应没过槽内制冷盘管且低于工作台板 20mm 为宜；应时常观察介质液面，当液面过低时，及时添加介质。

（2）避免酸碱类物质进入槽内腐蚀盘管及内胆。

（3）当低温循环泵工作温度较低时，请勿开启上盖，更不可将手伸入槽内，以防冻伤。

（4）使用完毕，所有开关必须置于关机状态，方可拔下电源插头。

（5）低温循环泵的水槽应定期清洗，水槽中的冷却液应定期更换。如长时间不用，请排空冷却液，用清水冲洗干净。

第三节 离心机

离心机是利用离心力分离液体与固体颗粒或液体与液体的混合物中各组分的仪器。离心机的作用原理有离心过滤和离心沉降两种。离心过滤是使悬浮液在离心力场下产生离心压力，作用在过滤介质上，使液体通过过滤介质成为滤液，而固体颗粒被截留在过滤介质表面，从而实现液-固分离；离心沉降是利用悬浮液（或乳浊液）密度不同的各组分在离心力场中迅速沉降分层的原理，实现液-固（或液-液）分离。

离心机按照作用原理不同，可分为过滤式离心机和沉降式离心机；按转速不同，可分为低速离心机、高速离心机和超高速离心机；按运行温度不同，可分为常温离心机和冷冻离心机；按容量不同，可分为微量离心机、大容量离心机和超大容量离心机；按外形不同，可分为台式离心机和落地式离心机等。实验室常用离心机如图 6-11 所示。

(a)微量离心机　　(b)台式离心机　　(c)落地式离心机

图 6-11　实验室用离心机

离心机的基本操作流程如下：

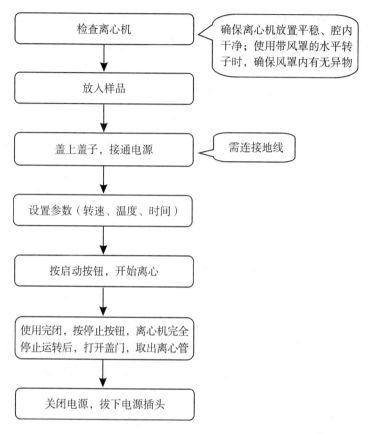

图 6-12　离心机的基本操作流程图

使用离心机时，应注意以下事项：

(1)机体应始终处于水平位置，外接电源系统的电压要匹配，并要求有良好的接地线。

(2)开机前应检查转头安装是否牢固，是否有伤痕、腐蚀等现象，机腔有无异物掉入。

(3)离心前，离心管及样品应预先在天平上进行质量平衡，平衡时，质量差不得超过该离心机所规定的范围；转头中的离心管数需为偶数，且需对称放置；若只有一支样品管另外一支要用等质量的水代替。

(4)根据待离心样品的性质和体积选择合适的离心管。使用无盖离心管时，液体不得装得过多，以防离心时甩出，造成转头不平衡、生锈；挥发性或腐蚀性液体离心时，应使用带盖的离心管，并确保液体不外漏，以免腐蚀机腔或造成事故；制备型超高速离心机的离心管，一般要求液体装满离心管，以防止离心时离心管上部凹陷变形；严禁使用老化、变形、有裂纹的离心管。

(5)转头盖拧紧后，需再次检查转头与转盖是否有缝隙，若有缝隙，要重新拧紧，确认无缝隙后方可启动离心机。若在转头与转盖间存在缝隙的情况下启动离心机，转头盖会飞出，造成事故。

(6)使用高转速时(转速大于8000r/min)，应先在较低转速条件下运行2分钟左右，随后再逐渐升至所需转速。若瞬间运行至高转速，可能损坏电机。

(7)离心机运转过程中或转子未停稳的情况下，不得打开盖门；离心过程中，操作人员不得离开离心机室，应随时观察离心机是否正常工作，一旦发生异常情况，需按停止键，不可直接关闭电源。

(8)离心机不宜长时间使用转头最大允许速度离心。因为转头在离心时，随着离心速度的增加，转头金属随之拉长变形，在停止离心后又恢复原状，若长时间使用转头最大允许速度离心，会造成机械疲劳。

(9)离心结束后，必须将转头取出；转头内若需要清洗，需使用中性清洗剂，晾干后，在转头表面涂抹少量硅脂；转头需轻取轻放，严禁撞击；转头平时倒置于柔软物体上，不要盖上转头盖；

(10)离心结束后，仪器样品室内如有结霜，需等待霜化后，用软布擦干后再关门；擦拭离心机腔时动作要轻，以免损坏机腔内温度感应器。

第四节　超声清洗仪

超声波清洗仪是利用超声波在液体中的空化作用、加速度作用和直进流作用对液体和污物产生直接或间接的作用，使污物层被分散、乳化、剥离，进而达到清洗的目的。

1. 空化作用

超声波清洗仪中的超声波发生器所发出高频振荡信号，通过换能器转换成高频机械振荡，进而传播到清洗液中。因为声波的传递依照正弦曲线纵向传播，即一层强一层弱，依次传递，因此超声波在清洗液中疏密相间地向前辐射，使液体流动而产生数以万计的微小气泡，存在于液体中的微小气泡(空化核)在声场的作用下振动，当声压达到一定值时，气泡迅速增长，然后突然闭合，在气泡闭合时产生能量极大的冲击波，相当于瞬间产生数百摄氏度的高温和超过 1000 个大气压的局部液压撞击，称之为"空化效应"。超声波清洗仪正是应用连续不断的"空化效应"产生的高压冲击力破坏污物与清洗件表面的吸附，达到清洗和冲刷工件内外表面的目的。

由于超声波固有的穿透力，所以可以清洗各种表面复杂，形状特异的物件，对小孔和缝隙都有很好的清洗效果，对不吸音或吸音系数小的物体洁洗效果最佳。

2. 加速度作用

超声波在液体介质中的作用使得液体粒子被推动并产生加速度。当超声波清洗仪的频率较高时，上文提到的空化作用并不显著。这时，清洗主要依靠加速度作用撞击液体粒子，对污物进行超精密洁洗，最终达到使污垢脱落的目的。

3. 直进流作用

超声波在液体中沿声的传播方向产生流动的现象称为直进流。声波强度在 $0.5W/cm^2$ 时，肉眼能看到直进流，垂直于振动面产生流动，流速约为 $10cm/s$。通过此直进流使被清洗物表面的微油污垢被搅拌，污垢表面的清洗液也产生对流，溶解污物的溶解液与新液混合，使溶解速度加快，对污物的搬运起着很大的作用。

目前所用的超声波清洗仪中，空化作用和直进流作用应用得更多，实验室用超声波清洗仪如图 6-13 所示。

图 6-13　实验室用超声波清洗仪

超声波清洗仪的基本操作流程如下：

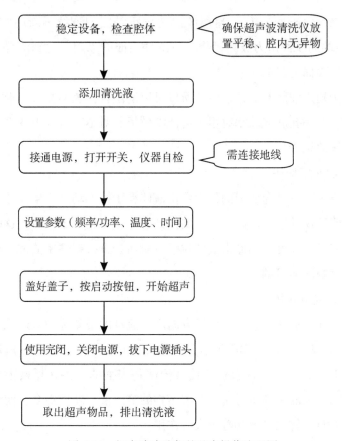

图 6-14　超声波清洗仪的基本操作流程图

使用超声波清洗仪时，应注意以下事项：

（1）超声波清洗仪的电源及电热器电源必须有良好接地装置。

（2）严禁在槽中没有水或溶剂时启动超声波清洗仪；禁止先开机后倒入清洗液，这样会使仪器损坏。

（3）使用有加热功能的超声波清洗仪时，严禁在无清洗液状态下打开加热开关。

（4）超声波清洗仪需轻拿轻放，禁止用重物撞击清洗缸缸底，以免换能器晶片受损。

（5）需定期冲洗清洗缸缸底，不得有过多的杂物或污垢。

（6）清洗仪操作过程中手指不可放入清洗槽中。

（7）每次换新液时，待超声波启动后，方可洗件。

(8)清洗剂一般分为水基(碱性)清洗剂、有机溶剂清洗剂和化学反应清洗剂，也可采用清水作为清洗剂，禁止使用酒精、汽油、腐蚀性强或任何可燃品作为清洗剂加入清洗机中。

(9)清洗物品应放置在专用清洗筐内，不得直接放在清洗槽底部。

(10)尽量避免长时间连续工作，一般不超过 30 分钟为宜。

第五节　消解仪

在测定无机物指标时，若样本中含有有机物，需先经消解处理。例如，大部分天然水和各种污水、废水中常会含有各种有机物和无机物，如砂石矿粒、铝硅酸盐、碳酸盐、氧化铁水化物以及各种微生物和动植物残体等。消解过程可破坏有机物、溶解悬浮物，将各种形态(价态)的待测元素氧化成单一的高价态或转化成易于分解的无机化合物，以便测定。消解后的水样应清澈、透明、无沉淀。

常用的消解方法有溶解法、熔融法(碱分解法)、干灰化法和湿式消解法。①溶解法适用于主要成分为易溶性矿物质的样本，通常采用水、稀酸、浓酸或混合酸等处理；②酸不溶组分常采用熔融法；③含有高分子物质或有机成分含量较高的样品主要采用干灰化法处理，若待测组分的挥发性较高，可采用低温灰化法分解样品；④湿式消解法，也称酸消解法，对于含有大量有机物的难分解样品常采用该方法进行消解，适用于水样、食品、饲料、生物等样品中痕量金属元素分析。

湿式消解氧化体系分为单元酸体系和多元酸体系。最常用的单元酸为硝酸。相对于单元酸体系，多元酸体系可以提高消解温度、加快氧化速率、改善消解效果，常见的多元酸体系有硝酸-硫酸、硝酸-高氯酸、硫酸-过氧化氢、硝酸-硫酸-高氯酸等。

实验室内常用的消解设备包括电炉、水浴锅、电热板、消解仪等。电炉属于明火设备，同时具有控温难、易损坏的缺点，因此现在大多数实验室已抛弃这个最早的消解设备。水浴的稳定性、安全性相对于电炉来说更高，同时操作起来也更方便，但是它只适合做一些低温消解处理，应用领域有限。电热板是国内实验室使用的一种常规消解设备，其具有控温好、稳定性高、安全性强的优势；但电热板也存在一些缺点：

耗能大，热能利用率低，加热的有效面积小、处理样品量有限、实验结果的均一性不强等。

随着科技的革新，近年来实验室使用的消解设备以消解仪为主，消解仪具有控温精度更高、消解速度更快、处理样品量大、整机高效、节能、环保的优势。消解仪消解后的样品可在原子吸收分光光度计(AAS)、原子荧光光谱仪(AFS)、电感耦合原子发射光谱仪(ICP-AES)、电感耦合等离子体质谱仪(ICP-MS)等分析仪器中进行检测，也适用于化学法的分析检测。根据加热原理不同，消解仪可分为电热消解仪和微波消解仪。

一、电热消解仪

顾名思义，电热消解仪通过电加热的方式对样品进行消解。与传统电热板相比，全自动消解仪可实现加酸、摇匀、加热、定容等过程全部由计算机自动控制，提高了消解操作的安全性，大大降低了接触酸过程中对实验人员的伤害，并且显著提高样品的一致性、重复性。图 6-15 为实验室用全自动电热消解仪。

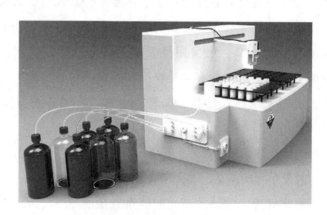

图 6-15 全自动电热消解仪

电热消解仪的基本操作流程如图 6-16 所示。

使用电热消解仪时，应注意以下事项：

(1)仪器应放置在干燥通风处，同时需避免强光直射。

(2)仪器外接电源系统的电压要匹配，并要求有良好的接地线。

(3)实验中所用试剂多为强酸，切勿直接接触，防止意外烧伤。

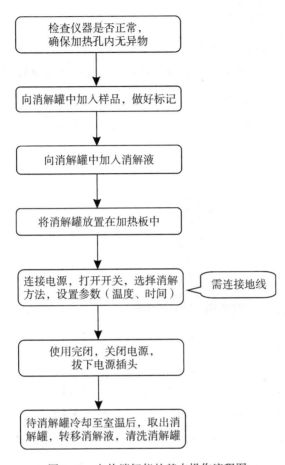

图 6-16 电热消解仪的基本操作流程图

(4)消解时，消解管需盖上盖子；有防护罩的需罩上防护罩，以免发生意外造成伤害。

(5)消解管应用10%稀硫酸洗涤，严禁使用重铬酸钾洗液及其他合成洗涤剂洗刷，以免铬化合物或洗涤剂粘附在管壁内影响测定结果。

(6)每次使用完仪器，待仪器温度降低后，用毛巾将仪器内部台面凝酸擦拭干净，避免酸气在仪器内部冷凝。清洁仪器时，需要小心地用柔软的布清洁，不能破坏表面的涂层，不能用水和其他有机溶剂清洗仪器。

(7)过滤网为消耗品，需定时更换。若过滤网堵塞，造成通风不畅，酸气无法正常排出，将损坏仪器内部。

(8)尽量保证排风管无回弯，排风距离短，保证排风顺畅，无倒风。

二、微波消解仪

常规的加热消解只能处理一些简单的样品，一些难溶样品只能在高压、密闭的装置下才能消解完全。这时便需要微波消解仪。微波消解仪是利用微波的穿透性和激活反应能力加热密闭容器内的试剂和样品，它几乎能够快速准确地处理所有样品。微波消解仪和消解罐实物图见图6-17。

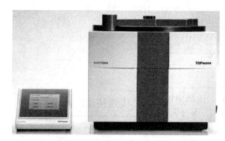

图 6-17　微波消解仪(左)和消解罐(右)

当微波通过样品时，极性分子随微波频率快速变换取向，分子来回转动，与周围分子相互碰撞摩擦，分子的总能量增加，使试样温度急剧上升；与此同时，试液中的带电粒子(离子、水合离子等)在交变的电磁场中，受电场力的作用而来回迁移运动，也会与临近分子撞击，使得试样温度升高。这种方式使消解罐内的压力增加，反应温度提高，大大提升反应速率，缩短了样品制备的时间；不需有毒催化剂及升温剂，并且可根据实验需求控制反应条件，使制样精度更高；因消化罐完全密闭，不会产生尾气泄漏，避免了因尾气挥发而使样品损失的情况，不仅减少环境污染，还在很大程度上改善实验人员的工作环境。

微波消解仪的基本操作流程如图 6-18 所示。

使用微波消解仪时，应注意以下事项：

(1)为安全起见，当使用默认的酸量和温度，可先减少样品称重量到默认称重量的30%~50%消解。

(2)最大的样品称重量为当时用此消解方法防爆膜破裂称重量的30%。

(3)在密闭容器中消解样品，可能有潜在的危险，因此当消解未知

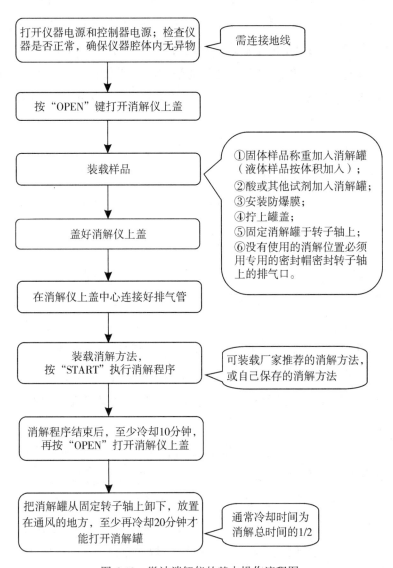

图 6-18 微波消解仪的基本操作流程图

样品时，应在实验初期通过颜色和嗅觉感知鉴别不明样品的特性：是否易燃、易挥发，并且在消解过程中严格控制样品量，推荐仅称重一个样品进行消解，且消解罐放置的位置要正好正对温度传感器。

(4)消解罐或螺纹变形时，禁止再使用。

(5)禁止用强力或其他工具强行打开消解罐。

(6)由于有热气或酸蒸气，仪器排风口不可对着自己和他人。

(7)在有通风系统的地方才能打开消解罐。

(8)应先把称重的样品倒入消解罐，然后再加酸和其他试剂。

(9)每个消解罐内应保证有一定量的液体(具体液体量以该设备说明书为准)，以便温度传感器能准确检测到消解罐内的真实温度。

(10)对于样品和试剂反应剧烈的消解制样，请在开口状态下保持制样容器在通风橱内进行反应，待反应平静后，盖上容器盖，把容器放入制样系统中。

(11)使用前需检查防爆膜是否完整，要确保防爆膜边缘很均匀地贴在罐盖表面上；使用后膜中间凸起属正常，不影响使用。

(12)没有安装消解罐的位置，必须用专用的密封帽密封住连接导管口。

(13)避免在任何没有样品或微波吸收物的情形下，进行微波功率发射的运行。长时间空载微波可能造成磁控管和传感器的衰化和损坏，试图在空载状况下，通过施加微波功率以测试温度压力传感器的性能是错误的，因为空气是非凝聚态物质，不吸收微波。

(14)使用的消解罐一定要保持内外罐间无液体或杂质存在，以免损坏消解罐。切不可在消解罐外套金属类外罩，否则将出现打火或击穿；微波制样中一定避免将金属物质(如导线、金属块等)误放入谐振腔中；

(15)以下样品不适合在微波消解容器中使用，禁止在微波系统内随意操作以下物质(根据文献资料)：炸药(TNT，硝化纤维等)、推进剂(肼，高氯酸胺等)、高氯酸盐、二元醇(乙二醇，丙二醇等)、航空燃料(JP-1等)、引火化学品、漆、醚(溶纤剂-乙二醇苯基醚等)、丙烯醛、酮(丙酮，甲基乙基酮等)、烷烃(丁烷，己烷等)、乙炔化合物、双组分混合物(硝酸和苯酚，硝酸和三乙胺，硝酸和丙酮等)、硝酸甘油脂、硝化甘油或其他有机硝化物。

(16)温度压力传感器为精密装置，应尽量避免折压。

(17)微波消解仪在运行过程中，或在运行结束时，当压力数字显示值不是"0"时，不要按"清零"键。

第六节　电子精密天平

精密天平是一种用于精确测量物质质量(重量)的衡器，是定量分析工作中不可缺少的重要仪器。精密天平的种类很多，有普通精密天平、半自动/全自动加码电光投影阻尼分析天平及电子精密天平等。实验室常见的分析天平如图 6-19 所示。

(a) 阻尼分析天平

(b) 电子精密天平

图 6-19　实验室常见的分析天平

化学实验室使用较多的是电子精密天平。电子精密天平通常使用电磁力传感器，组成一个闭环自动调节系统，准确度高，稳定性好；具有自动校准、自动显示、去皮重、自动数据输出、自动故障寻迹、超载保护等多种功能。

电子精密天平的基本操作流程如图 6-20 所示。

使用电子精密天平时，应注意以下事项：

（1）天平应放置在牢固平稳水泥台或木台上，没有风和影响天平稳定的气流，无振动源存在，无外磁场或其他干扰；室内要求清洁、干燥及较恒定的温度，同时应避免光线直接照射到天平上。

（2）天平箱内应放置吸潮剂（如硅胶），当吸潮剂吸水变色，应立即高温烘烤更换，以确保吸湿性能。

（3）在使用前调整水平仪气泡至中间位置，并按说明书的要求进行预热。

（4）称量时应从侧门取放物质，读数时应关闭箱门以免空气流动引起天平摆动；前门仅在检修或清除残留物质时使用。

（5）严禁对秤盘进行冲击或过载使用，禁用溶剂清洁外壳，应用软布清洁。

（6）挥发性、腐蚀性、强酸强碱类物应盛于带盖称量瓶内称量，防

札记

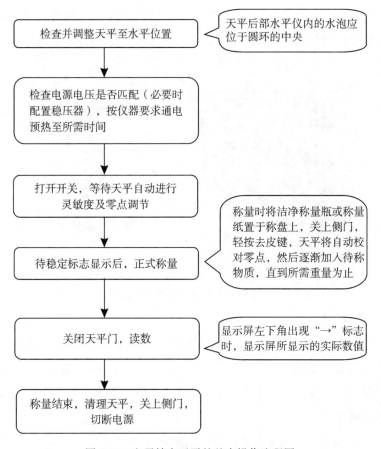

图 6-20　电子精密天平的基本操作流程图

止腐蚀、损坏天平。

（7）经常对电子天平进行自校或定期外校，保证其处于最佳状态。

（8）若长时间不使用，则应定时通电预热，每周一次，每次预热 2h，以确保仪器始终处于良好使用状态。

第七节　球磨机

行星球磨机可将实验样本研磨到胶状细度（最小可达 $0.1\mu m$），并进行混合、粉碎、研磨、匀化和分散，是实验室获取微颗粒研究试样的理想设备。若配用真空研磨罐，可在真空状态下磨制试样。可根据实验需求选择研磨罐和研磨球的材质，例如：玛瑙、不锈钢、高耐磨

钢、锰钢、尼龙、聚氨酯、硬质合金等。球磨机及其常用配件如图   **札记**
6-21所示。

图 6-21 球磨机(左)及常见的研磨罐和研磨球(右)

行星式球磨机有一个主盘(也叫太阳盘),主盘上有放置研磨罐的底座。当主盘转动时,研磨罐在绕主盘轴公转的同时又绕自身轴反向作行星式自转运动。球磨机运动示意图见图 6-22。在行星式运动中,研磨罐和主盘旋转所形成的离心力作用在研磨罐内的研磨球和物料上,由于研磨罐和主盘旋转方向相反,所以离心力在同向与反向间交替发挥作用,研磨罐中磨球和样本在高速运动中相互碰撞、摩擦,达到粉碎、研磨、混和与分散样品的目的。

图 6-22 球磨机行星式运动示意图

笔记

球磨机的基本操作流程如图 6-23 所示。

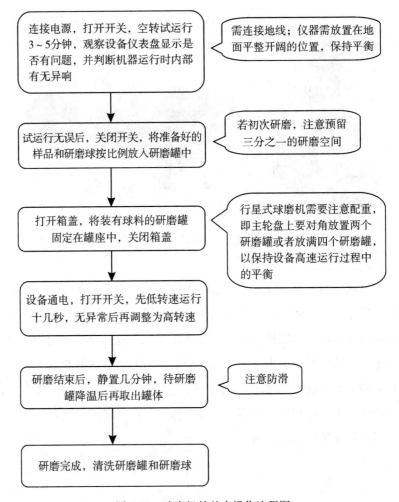

图 6-23　球磨机的基本操作流程图

使用球磨机的注意事项如下：

（1）球磨机需用两相三眼（或三相四眼）接有地线的插座，以保证安全。

（2）操作设备时要保持仪表和电气控制部位的干燥，严禁湿手进行操作。

（3）研磨样品前，需空转 3~5 分钟，确保设备可正常运行。

（4）放置研磨罐需考虑平衡，即对角放置 2 个研磨罐或放满四个研磨罐。

（5）设备在工作过程中，若出现意外情况，需立即按下红色急停开关。

（6）注意研磨罐的样品装载量，严禁满载或者过载研磨。

（7）停机前，转数需降至最低。

（8）使用后应及时清洗研磨罐和研磨球，避免样品堆积难以清理，并减少样品残留对下次实验造成的影响。

（9）应注意设备的可连续工作时长，避免超负荷运行。

（10）球磨机不使用时，须拔去插头做断电处理，防止误触启动设备。

（11）定期对设备进行维护，如在齿轮传动部位添加润滑油、确保电气连接部位的干净干燥、检查固定螺丝是否松动等。

第八节　通风橱

通风橱是实验室通风系统的一部分，用于保护实验人员避免吸入有毒有害、可致病或毒性不明的化学物质，还具有防爆、遏制溢出物的作用。根据结构不同，可分为管道式和循环式（无管）。如图 6-24 所示。

图 6-24　管道式通风橱（左）和循环式通风橱（右）

管道式通风橱的顶部为低速风机，可将实验过程中产生的气体吸走，并通过管道排到室外。循环式通风柜则无需外接管道，顶部自带风机和过滤器；打开开关，风机运作使柜内形成负压，主体风向自下而上，使柜内空气全部经过过滤器过滤，洁净的空气从顶部排风口排出。

札记

通风橱的基本操作流程如下：

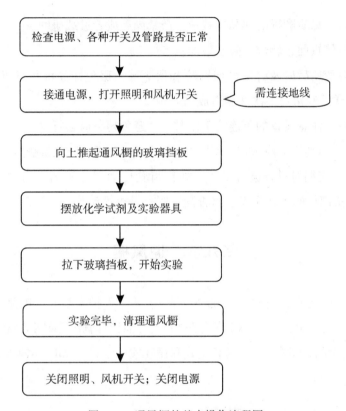

图 6-25 通风橱的基本操作流程图

使用通风橱的注意事项如下：

(1)使用通风橱之前，先开启排风后才能在通风橱内进行操作。

(2)移动上下视窗时，要缓慢、轻移的操作，以免门拉手将手压坏。

(3)操作强酸强碱、挥发性有害气体的试剂时，必须拉下通风橱玻璃活动挡板，再进行操作。

(4)禁止在通风橱内进行国家禁止的有机物质与高氯化合物质混合的实验；严禁在通风橱内进行爆炸性实验。

(5)操作实验时，切勿用头、手等身体其他部位，或其他硬物碰撞玻璃活动挡板。

(6)实验过程中，禁止将头伸进通风橱进行操作或检查。

(7)在通风橱内使用加热设备时，应在设备下方垫上石棉垫或隔热板。

（8）禁止将移动接线板或电线放在通风橱内。

（9）当实验人员不使用通风橱时，避免在通风橱台面上存放过多的试验设备或化学物质，禁止长期堆放。

（10）禁止在通风橱内存放或测试易燃易爆物品。

（11）通风橱操作区域应保持畅通，周围不得堆放物品。

（12）实验操作完毕后，不要立即关闭排风，抽风机应继续运转几分钟，以完全消除柜体内的废气。

（13）使用后，关闭所有电源，擦拭柜体内外，清除在通风橱内的杂物和残留的溶液，关闭所有开关和视窗；切勿在带电或电机运转时进行清理。

（14）实验室不使用通风橱的时候要经常通风，以有利于实验人员的健康。

第九节　超净工作台

超净工作台是为实验室工作提供无菌操作环境的设施，以保护实验免受外部环境的影响，同时为外部环境提供某些程度的保护以防污染并保护操作者。实验室用超净工作台如图 6-26 所示。

图 6-26　超净工作台

超净工作台原理是：在特定的空间内，室内空气经预过滤器初滤，由小型离心风机压入静压箱，再经空气高效过滤器二级过滤，从空气高效过滤器出风面吹出的洁净气流具有一定的和均匀的断面风速，可以排除工作区原来的空气，将尘埃颗粒和生物颗粒带走，以形成无菌的高洁净的工作环境。

以气流方向来分，现有的超净工作台可分为垂直式、由内向外式以及侧向式。从操作质量和对环境的影响来考虑，以垂直式较优越。

超净工作台的基本操作流程如下：

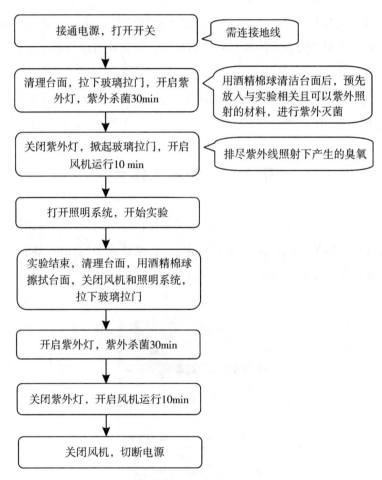

图 6-27　超净工作台的基本操作流程

使用超净工作台时，需注意以下事项：

（1）超净工作区内严禁存放不必要的物品，以保持洁净气流流动不受干扰。

（2）取样结束后，先用毛刷刷去洁净工作区的杂物和浮尘；再用细软布擦拭工作台表面污迹、污垢，目测无清洁剂残留。

（3）紫外线对皮肤和视网膜均有较大的伤害性，因此，紫外线照射时需关闭玻璃拉门；紫外灯开启时，严禁进行任何操作。

（4）每次使用完毕，应立即清洁工作台面。

（5）需经常用纱布沾上酒精将紫外线杀菌灯表面擦干净，保持表面清洁，否则会影响杀菌能力。

（6）任何情况下不应将超净台的进风罩对着开敞的门或窗，以免影响滤清器的使用寿命。

（7）超净台进风口在背面或正面的下方，金属网罩内有一普通泡沫塑料片或无纺布，用以阻拦大颗粒尘埃，应常检查、拆洗，如发现泡沫塑料老化，要及时更换。

（8）每月用风速计测量一次工作区平均风速，如发现不符合技术标准，应调节调压器，改变风机输入电压，使工作台处于最佳状况。

第十节 特种设备

一、高压灭菌锅

高压灭菌锅是一种利用电热丝加热水产生蒸汽，并能维持一定压力的装置。适用于玻璃器皿、生物培养基等实验物品的灭菌操作。可分为立式高压灭菌锅和手提式灭菌锅。如图6-28所示。

图6-28 立式灭菌锅（左）和手提式灭菌锅（右）

札记　　　　　　高压灭菌锅的基本操作流程如下：

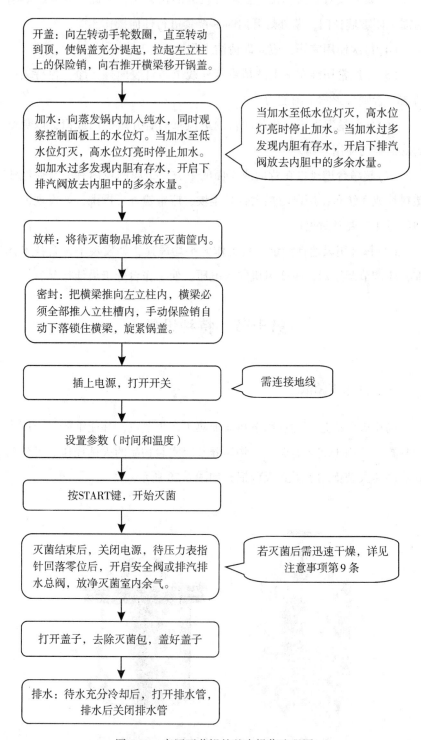

图 6-29　高压灭菌锅的基本操作流程图

高压蒸汽灭菌器的容器中存在着一定的压力和温度，属于特种设备，如果使用操作不当，容易造成人身伤害事故，所以使用时应特别注意以下事项：

(1)经常检查灭菌器电源线的接地是否良好，以确保人身安全。

(2)高压灭菌锅应置于通风干燥、宽敞、地面平整、无易燃易爆物品的室内。

(3)安全阀、排气阀出厂时已校定位置，阀上的铅封及螺丝不得任意拆启。

(4)密封圈切勿附油，以免损坏胶质而造成漏气。

(5)严禁对与蒸汽介质接触引起爆炸或突然升压性的化学物品灭菌。

(6)堆放灭菌包时，严禁堵塞安全阀、排气阀的出气孔，必须留出空位确保空气畅通，否则安全阀和排气阀因出气孔堵塞不能工作，易造成锅体爆裂事故。

(7)灭菌液体时，应将液体灌装在耐热玻璃瓶中，以不超过 3/4 体积为好，瓶口选用棉花纱塞；切勿使用打孔的橡胶或软木塞。

(8)在灭菌结束后，不可立即释放蒸汽，应停止加热使其自然冷却20~30分钟，使内在压力冷却而下降至零位(压力表指针回到零位)后数分钟，将排气阀打开，然后略微打开盖子(开一条缝)，人离开消毒室，待其自然冷却到一定程度再取出。

(9)若灭菌后需迅速干燥，须打开安全阀或排汽排水总阀，让灭菌锅内的蒸汽迅速排出，使物品上残留水蒸气快速挥发。灭菌液体时严禁使用干燥方法，因为若在灭菌后立即放汽，液体(如溶液培养基)会因压力突然下降引起瓶子爆破或消毒器内装溶液溢出等严重事故。

(10)安全阀应定期检查可靠性，如压力表指针已超过 0.165Mpa 时安全阀不起跳则必须立即停止使用并更换合格的安全阀。安全阀和压力表使用期限满一年应送法定计量检测部门鉴定。

(11)灭菌锅尽量使用纯水，以防产生水垢。

二、气体钢瓶

气体钢瓶(简称气瓶)是储存压缩气体的特制耐压钢瓶，其结构示意图如图 6-30 所示。一般盛装永久气体(如空气、氧、氮、氢、甲烷等)、液化气体或混合气体。使用时通过减压阀(气压表)控制放出气体的量。

札记

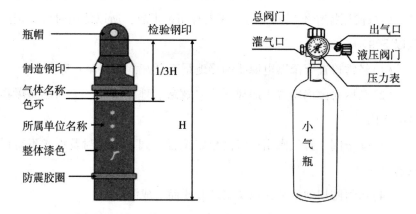

图 6-30 气体钢瓶结构示意图

为了避免各种钢瓶使用时发生混淆，常将钢瓶上漆上不同颜色，写明瓶内气体名称，如表 6-1 所示。

表 6-1　　　　　　　　　常用气瓶的颜色标识

充装气体名称	化学式	瓶色	字样	字体颜色	色环
氢	H_2	淡绿	氢	大红	P=20，淡黄色单环 P=30，淡黄色双环
氧	O_2	淡(酞)兰	氧	黑	P=20，白色单环 P=30，白色双环
氮	N_2	黑	氮	淡黄	
空气		黑	空气	白	
二氧化碳	CO_2	铝白	液化二氧化碳	黑	P=20，黑色单环
甲烷	CH_4	棕	甲烷	白	P=20，淡黄色单环 P=30，淡黄色双环
氩	Ar	银灰	氩	深绿	P=20，白色单环 P=30，白色双环
氦	He	银灰	氦	深绿	
乙炔	C_2H_2	白	乙炔不可近火	大红	
氨	NH_3	淡黄	液氨	黑	
氯	Cl_2	深绿	液氯	白	
一氧化碳	CO	银灰	一氧化碳	大红	

注：色环栏内的 P 是气瓶的公称工作压力，MPa

各类气瓶的检验周期和使用年限也有所不同，例如，盛装腐蚀性气体（如 H_2S、HCl、SO_2、CO 等）的气瓶，每二年检验一次，使用年限 20 年；盛装一般性气体（如 H_2、O_2、Air、CO_2、CH_4 等）的气瓶，每三年检验一次，使用年限 30 年；盛装惰性气体（如 N_2、He、Ar、Ne、Kr、Xe 等）的气瓶，每五年检验一次，使用年限 30 年；液化石油气钢瓶，制造之日起前三次检验周期为四年，第四年为三年检验，使用年限 15 年；溶解乙炔类气瓶，每三年检验一次，使用年限 30 年。

钢瓶肩部的钢印标牌包含充装介质、制造商、制造日期、气瓶编号、水压试验压力、公称工作压力、气瓶检验标记、气瓶重量、气体容积等信息。如图 6-31 所示。

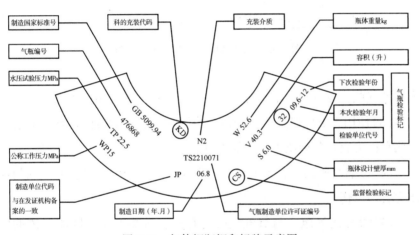

图 6-31　气体钢瓶钢印标牌示意图

气体钢瓶的基本操作流程如图 6-32 所示。

气瓶的内压很大，并且有些气体易燃或有毒，因此在使用气体钢瓶时需要特别注意安全。使用气瓶的注意事项如下：

（1）应采购和使用有制造许可证企业的合格产品，不得使用改装气瓶和超期未检的气瓶。

（2）钢瓶应存放在阴凉、干燥、远离热源的地方，防止暴晒、雨淋和水浸；避免暴晒和强烈震动。

（3）盛装易起聚合或分解反应的气体气瓶应避开放射线、电磁波、振动源。

（4）搬运钢瓶应小心轻放，钢瓶帽要旋上；最好用特质担架或小推

札记

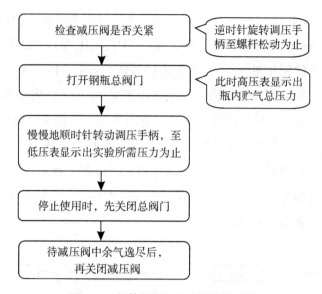

图 6-32　气体钢瓶的基本操作流程图

车移动气瓶，也可用手垂直转动，绝不可以用手执开关阀移动。

（5）使用人员应经过严格培训；使用时气瓶应加装固定环，安装减压阀和压力表；各种压力表一般不可混用。

（6）开启总阀门时，不要将头或身体正对总阀门，防止万一阀门或压力表冲出伤人。

（7）可燃性气瓶应与氧气瓶分开存放；盛装可燃或助燃气体的气瓶，与明火距离以及两种气瓶之间的距离不得小于 10 米，确难达到时，在采取可靠的隔离防护措施后，可适当缩短。

（8）使用氧化性气体气瓶时，操作者应仔细检查自己的双手、手套、工具、减压器、瓶阀等有无沾染油脂，凡沾染油脂的，必须油脂干净后，方能操作。因油脂与压缩氧化性气体接触后，能产生自燃。也不能穿戴易感应产生静电的服装或手套操作气瓶，不能使用棉、麻等物堵漏，以防燃烧爆炸引起事故。

（9）高压气瓶需分类分处保管，空瓶、实瓶要分开，两者间距不应小于 1.5m；所装介质能引起化学反应的气体应分室存放，如氧气与氢气、氧气与液化石油、氧气与乙炔、氯气与乙炔等；同一实验室存放气瓶量不得超过两瓶。

（10）瓶内气体不得用尽，必须留有剩余压力。永久气体气瓶剩余压力不小于 0.05Mpa；液化气体气瓶应留有不小于规定充装量的 0.5%~1.0%的剩余气体；溶解乙炔瓶剩余气体压力不小于 0.3Mpa。以防重新充气时发生倒灌危险。

(11)当发现瓶阀漏气，或放不出气来，或存在其他缺陷时，将瓶阀关闭，并将发现的缺陷用不易掉色的记号标注在瓶身上，然后送回气体提供单位处理。

(12)各类气瓶的检验周期和使用年限，不得超过相关规定，若经检验气瓶有缺陷，不得继续使用，必须做报废处理。

(13)可燃性气体(H_2、C_2H_2)气瓶的出口螺纹为左旋反牙(LH)，不燃性或助燃性气体(如 N_2、O_2)气瓶的旋正出口螺纹为右牙(RH)。标准气体一般为小包装，统一标准为右旋正牙。与瓶阀相连接的设备螺纹结构，必须与瓶阀出气口的结构相吻合。

(14)气瓶应设置防静电装置，附近配备灭火器材和防毒面具。

第七章　分析仪器的安全操作规范

第一节　原子吸收光谱仪

一、基市原理

原子吸收光谱仪(AAS)是根据元素的基态原子对其空心阴极灯的特征辐射谱线产生选择性吸收,吸收信号与待测样品中相关元素的浓度成正比来进行测定的。空心阴极灯的线光源是通过单色器来得到它的共振谱线的。原子吸收光谱仪结构示意图如图7-1所示。

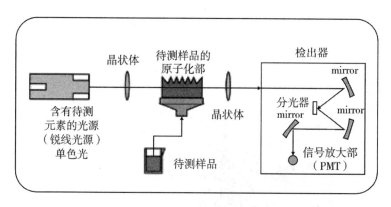

图 7-1　原子吸收光谱仪结构示意图

原子吸收光谱仪可实现石墨炉技术、火焰技术、氢化物发生技术以及汞蒸气冷原子吸收技术、氢化物与石墨炉联用技术(HydrEA 技术),可测定 70 多种元素。

火焰原子吸收法的检出限可达 10^{-9} 数量级,石墨炉原子吸收法的检出限可达到 $10^{-14} \sim 10^{-10}$ 数量级;其氢化物发生器可对 8 种挥发性元素汞、砷、铅、硒、锡、碲、锑、锗等进行微痕量测定。图 7-2 和图 7-3 分别介绍了原子吸收光谱仪的雾化室-混合室-燃烧头系统和石墨炉系统。

二、操作规程(以 ZEEnit 700P 为例)

(一)火焰方法(FL)

1. 开机及测样步骤

札记

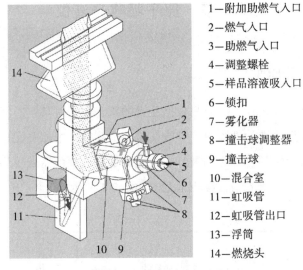

1—附加助燃气入口
2—燃气入口
3—助燃气入口
4—调整螺栓
5—样品溶液吸入口
6—锁扣
7—雾化器
8—撞击球调整器
9—撞击球
10—混合室
11—虹吸管
12—虹吸管出口
13—浮筒
14—燃烧头

图 7-2　AAS 雾化室-混合室-燃烧头系统示意图

1—冷却水管
2—石英窗
3—石墨电极
4—上部的金属锁，在打开位置
5—石墨管
6—石墨锥
7—氩气管

图 7-3　AAS 石墨炉结构示意图

（1）打开乙炔气瓶总阀，调节气体减压阀使气体出口压力为 0.1~0.15MPa。

（2）打开氩气瓶总阀，调节气体减压阀使气体出口压力为 0.5MPa。

（3）打开空气压缩机电源，调节气体出口压力为 0.5MPa 左右。

（4）打开计算机电源。

（5）打开 AAS ZEEnit 700P 主机电源。

（6）打开 ASpect LS 操作软件→点"初始化"，完成后→点"OK"→点

"光谱仪器"→点"灯座"→根据需求安装或更换空心阴极灯。

（7）点"方法"→新建或打开，载入分析方法。

（8）点"光谱仪器"→在"数据"来源中选择方法所对应的元素→在"预热灯"位置选择所需预热的灯→点"设置"，点灯及预热灯→点"能量"→点"灯调整"调节→点"自动增益控制"，进行灯能量调节。

（9）点"火焰"→进入火焰菜单→点"测试空气"→点"测试燃气"→点"点火"。

（10）点"分析序列"→新建或打开，载入分析序列→点击左上角绿色双箭头 🟢 运行分析序列→点单箭头 🟢 运行分析序列所选行→根据软件提示将进样管插入相应溶液中。

（11）根据需要修改、保存、打印和输出测量结果。

2. 关机步骤

（1）样品做完后，先把进样管放到1%硝酸溶液中喷5分钟。

（2）然后把进样管放到超纯水中喷5分钟。

（3）最后把进样管拿出在空气中空烧2分钟。

（4）在"火焰"菜单中点击"熄火"熄灭火焰，或关闭乙炔气瓶总阀烧掉管内残留气，让火自动熄灭。

（5）退出操作软件系统。

（6）关闭仪器主机电源。

（7）关闭计算机电源。

（8）关闭乙炔气瓶总阀，关闭氩气气瓶总阀，断开空气压缩机电源，并将空压机中的气体放掉。

（9）关闭电源总开关。

（10）每三个月需定期将国产空压机储气罐中的水和油污排放掉（旋开储气罐底部的螺母）。

（二）石墨炉法（EA）

1. 开机及测样步骤

（1）打开氩气瓶总阀，调节气体出口压力约为0.5MPa。

（2）打开计算机电源。

（3）打开 AAS ZEEnit 700P 主机电源。

（4）打开循环水冷器电源开关（只有国产循环水冷器才需打开其电源开关，进口循环水冷器 KM5 无需打开电源开关）。

（5）打开 ASpect LS 操作软件→点"初始化"，完成后→点"OK"→点"光谱仪器"→点"灯座"→根据需求安装或更换空心阴极灯。

（6）点"方法"→新建或打开，载入分析方法。

（7）点"光谱仪器"→在"数据"来源中选择方法所对应的元素→在"预热灯"位置选择所需预热的灯→点"设置"，点灯及预热灯→点"能量"→点"灯调整"调节→点"自动增益控制"，进行灯能量调节。

（8）点"自动进样器"→点"初始化"→点"清洗"→点"技术参数"→根据需要检查并调节进样针位置及进样深度。

（9）点"石墨炉"菜单→点"控制"→点"测试"→点"格式化"。

（10）点"分析序列"→新建或打开，载入分析序列→根据分析序列列表，将样品放到自动进样器相应位置→点击左上角绿色双箭头 运行分析序列→或点单箭头 运行分析序列所选行。

（11）点"校正"菜单→点"参数"查看校正曲线线性相关系数 R→如果 R 不满足要求→点"表格"→删除偏离较大的标准点→再点"参数"查看修改后的校正曲线线性相关系数 R。

（12）若有必要，点 重新计算样品结果。

（13）根据需要修改、保存、打印和输出测量结果。

2. 关机步骤

（1）关闭循环水冷器电源开关（只有国产循环水冷器才需手动控制，进口循环水冷器电源开关由软件自动控制）。

（2）退出操作软件系统→关闭仪器主机电源→关闭计算机电源→关闭电源总开关。

（3）关闭氩气瓶总阀。

三、操作注意事项

（1）设备要在打开排风时工作，确保仪器远离可燃物；纯氧和富氧空气不能用作助燃气；只能用设备手册中规定的惰性气体作为石墨炉的工作气体。

(2)乙炔钢瓶在工作时，须垂直放置；当压力小于 100 kPa 时，必须更换乙炔钢瓶，以免乙炔溢出。

(3)笑气(N_2O)气体的引入管，接头和减压阀必须无油。当燃器阀内或原子化控制装置内有漏气时，设备必须停机。

(4)装有易燃溶剂或含有易蒸发或易燃成分的样品应远离火焰。

(5)在火焰模式下，点火时必须关闭样品室的门；无人看管时不容许点火；要确保火焰保护装置能很好地工作。

(6)在火焰和石墨炉模式下工作时，都会产生高温。在仪器工作和测定时，不要触摸高温区。在进行仪器维修和部件更换时，一定要确保设备冷却，例如燃烧头、石墨炉、灯等。

(7)石墨管温度高于1000℃时，紫外线会灼伤没有保护的皮肤。热的石墨管和火焰都有紫外辐射，空心阴极灯、温度高于2000℃的石墨管和火焰所辐射的紫外线都会导致周围有毒气体及臭氧的超标，需做好防护措施。不可直视空心阴极灯光源。没有佩戴防护眼镜时，不要直视石墨管的管口，否则可能会造成眼睛和脸部的伤害。

(8)操作人员要每周进行一次漏气检查。内容包括气源，接头和设备本身。在气源关闭时，压力会下降，要检查受压系统和管路，确认漏气的位置并进行维修。当气路漏气，出现阀故障或检测出安全装置出现问题时，设备必须关机，直到问题解决后才能开机。

(9)当操作设备时，请不要穿戴任何金属珠宝(比如戒指、项圈、手镯或任何相似物品)。因为穿戴珠宝会使得炉体之间或炉体和控制装置之间有出现短路的危险。珠宝造成的短路会导致受热，并燃烧。

(10)带有心脏起搏器的人不能操作该设备。

(11)原子吸收光谱仪大多会产生液体废液。废液中包含金属离子或重金属离子，通常在样品预处理时用到不同的酸，操作者要负责废弃物的收集，收集的废液必须送到危险废弃物暂存室，由学院统一安排处理。

(12)除此之外，使用者还需认真阅读设备上的安全提示，如图7-4所示。

札记

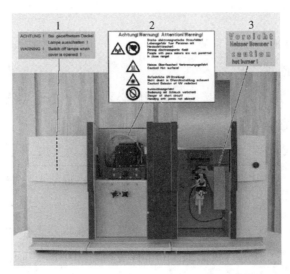

1—门内侧的警告标记
2—样品室后面的警告标记
3—火焰部分炉头高度调节
　　装置上面的警告标记

图 7-4　仪器上的安全提示标签

第二节　原子荧光光度计

一、基本原理

原子荧光光度计(AFS)是介于原子发射光谱(AES)和原子吸收光谱(AAS)之间的光谱分析技术,其结构示意如图 7-5 所示。其工作原理是:利用硼氢化钾或硼氢化钠作为还原剂,将样品溶液中的待分析元素

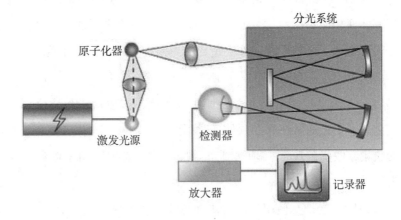

图 7-5　原子荧光光度计结构示意图

还原为挥发性共价气态氢化物(或原子蒸气),然后借助载气将其导入原子化器形成基态原子,基态原子蒸气吸收一定波长的辐射而被激发到较高的激发态,然后激发态原子在去活化过程中回到较低的激发态或基态,此时将吸收的能量以荧光的形式释放出来,此荧光信号的强弱与样品中待测元素的含量成线性关系,因此通过测量荧光强度就可以确定样品中被测元素的含量。原子荧光光度计可对样本中的重金属砷、汞、硒、铅等元素进行痕量分析。

二、操作规程(以 AFS-9730 为例)

1. 准备工作

(1)打开灯室,将待测元素的空心阴极灯插头插入灯座。注意:插头凸处对准插座的凹处插入;不能带电拔插空心阴极灯。

(2)打开原子化器室的前门,用洗瓶在去水装置的顶部开口处补加少量水保持水封。

(3)检查断续流动系统的泵头和泵管,适当补加硅油,旋转固定块将压块压住泵头。

2. 开气

打开气瓶阀门,调节压力表出口压力在 0.25~0.30MPa 之间。

3. 开机

打开计算机→打开进样器电源→打开原子荧光主机电源→打开操作软件。

4. 预热

(1)静态预热。进入仪器软件操作界面,打开"方法条件设置"标签,进行元素灯设置;点击"点火"按钮,炉丝发亮,仪器开始对空心阴极灯和原子化器进行预热,一般 20 分钟后即可达到相对稳定状态。点击工具栏中的"静态"按钮,"仪器静态监视"窗口打开,可实时监测灯预热情况。

(2)动态预热。点击"检测"按钮,对载流进行连续测定,可对空心阴极灯及原子化器等各个部分进行充分预热,通常预热 10~20 分钟即可。

5. 测量

(1)建立标准曲线

- 单击工具栏中的"模拟监视""测量数据结果""曲线"，可模拟显示测量过程的荧光信号、测量数据和标准曲线。
- 单击工具栏中的"空白"，再单击弹出窗口的"标准空白测量"，仪器开始对标准空白进行测量。当连续测量两个标准空白的荧光值的差值小于或等于"测量条件"栏中"空白判别值"所设定值时仪器停止测量，两个标准空白荧光值的平均值为标准空白值。重测标准空白溶液后，其他测量值均需重测。
- 单击工具栏中的"标准测量"，在弹出的文件名窗口输入本次标准测量的文件名，再单击弹出窗口的"标准曲线测量"，仪器开始对标准系列溶液进行测量。需对某个点重测时，可单击"重测标准曲线"，输入该点的序号，点击确定即可。标准系列溶液的测量值显示在"测量数据结果"栏下的"标准测量数据"表中。

(2) 样品测量

- 单击工具栏中的"空白"，再单击弹出窗口的"样品空白测量"，在"样品空白选择"对话框中，选择1号样品空白或2号样品空白单独测量和两个样品空白测量。
- 在工具栏中点击"参数"，弹出"样品参数"对话框，对"样品形态"、"样品单位"、"质量/体积比或体积/体积比"、"样品标识"、"顺序号"等样品信息进行输入，输入完毕，点击"确定"。
- 在工具栏中点击"样品测量"，仪器开始对测试样品进行连续测量，测试样品测得的荧光值为减去样品空白荧光值的数值并显示在"样品测量数据"栏。样品测量完毕，数据自动存盘，文件名的输入在测量前进行。
- 在"文件(F)"下拉菜单中，点击"打印条件"、"打印标准曲线"、"打印测试报告"等，即可将样品测量的相关数据打印。

6. 清洗

测量结束后，倒出载流槽中剩余载流，将采样针和还原剂管先后放入载流液和去离子水中，点击"清洗"按钮。清洗干净后，将管路从水中拿出，继续"清洗"功能，排空管路中液体。(可总结为：一酸二水三空转)

7. 关机

点击"熄火"，退出操作软件；关闭主机电源、进样器电源、计算机电源；关闭气瓶阀门，逆时针旋转减压阀，关闭次级压力；旋转固定块将压块释放对泵头的压力。

三、操作注意事项

(1)在测量前，一定要打开氩气，并调整好压力。检查原子化器下部去水装置中是否有水，可用注射器或滴管添加蒸馏水，液面超过排废口即可。

(2)实验时注意在气液分离器中不要有积液，以防溶液进入原子化器。

(3)原子化器应该在点火状态下预热一段时间再进行测量，提高稳定性。

(4)元素灯的预热必须是在进行测量时点灯的情况下，才能达到预热稳定的作用。只打开主机，元素灯虽然也亮，但起不到预热稳定的作用。Hg、Sb 灯，特别是双阴极灯和新灯，预热时间要长些。

(5)打开操作软件与打开仪器电源的间隔不要太长，否则可能造成计算机与仪器主机的通讯中断。

(6)载流液和还原剂应注意及时更换，不要使用放置时间较长的载流液和还原剂，测量时应现用现配。

(7)每次测量结束后，一定在空白溶液杯和还原剂容器内加入蒸馏水，运行测量程序以清洗管道；最后再关闭载气，把卡板调节轮调到最下端，并打开压块，使泵管处于非挤压状态。再次测量前需重新调整压块的松紧。

(8)测试结束后，从自动进样器上取下样品盘，清洗样品管及样品盘，防止样品盘被腐蚀。

(9)泵头长时间使用后，容易被酸腐蚀，使用前需检查泵头是否可用，一定注意各泵管无泄漏；日常使用，需定期向泵管和滚轴间滴加硅油，防止磨漏。

(10)自动进样器电源关闭后，应把机械臂轻推至进样器中部，这样在下次启动进样器时，就可以清晰观察到进样器复位自检情况。

(11)更换阴极灯之前一定要关闭主机电源，不得带电插拔灯。直接拔下原灯，将要更换的阴极灯灯头上的凸起对准灯插槽的缺口部分插进去。注意不要将灯头的针插弯，并且应在灯冷却几分钟后再拔下，防止阴极材料溅射而影响元素灯的寿命。

第三节　离子色谱仪

一、基市原理

离子色谱仪是高效液相色谱的一种，故又称高效离子色谱或现代离子色谱，具有很高的交联度和较低的交换容量，进样体积很小，用柱塞泵输送淋洗液，通常对淋出液进行在线自动连续电导检测。其结构示意图如图 7-6 所示。离子色谱主要用于无机阴离子与无机阳离子的定性分析和定量分析，如水相样品中的 F^-、Cl^-、Br^-、NO_2^-、SO_4^{2-}、CN^- 等阴离子，Li^+、Na^+、NH_4^+、K^+、Ca^{2+} 等阳离子。

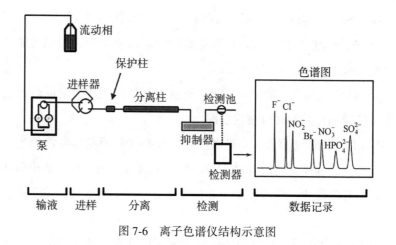

图 7-6　离子色谱仪结构示意图

离子色谱仪的分离原理是基于离子交换树脂上可离解的离子与流动相中具有相同电荷的溶质离子之间进行的可逆交换和分析物溶质对交换剂亲和力的差别而被分离，其分离原理示意图如图 7-7 所示。例如，检测亚硝酸盐，样品溶液进样之后，首先 NO_2^- 与分析柱的离子交换树脂之间直接进行离子交换（即被保留在柱上），然后被淋洗液中的 OH^- 置换并从柱上被洗脱。对树脂亲和力弱的分析物离子先于对树脂亲和力强的分析物离子被洗脱，如 F^-，Cl^-，然后是 NO_2^-，NO_3^-，这就是离子色谱分离过程。

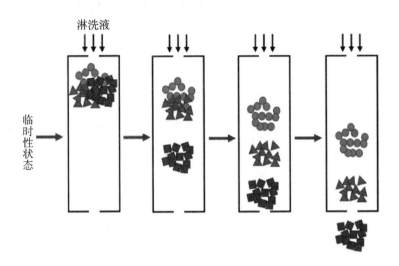

图 7-7　离子色谱分离原理示意图

离子色谱仪的检测原理是：大多数电离物质在溶液中会发生电离，产生电导，通过对电导的检测，就可以对电离程度进行分析。由于在稀溶液中大多数电离物质都会完全电离，因此可以通过测定电导值来检测被测物质的含量。所以，离子色谱通用检测器主要以电导检测器为基础。

二、操作规程（以 Metrohm 792BasicIC，测定阴离子为例）

（1）启动计算机，打开操作软件，输入密码。

（2）打开离子色谱仪电源开关，主机左下方"POWER"灯变亮。

（3）点击"system"图标，观察窗口栏是否显示为"阴离子"，如果是，点击"Start"按钮，仪器硬件启动，开始走基线（冲洗柱子）。

（4）如果不是，点击控制台中的"system"，点击"change"，出现几个系统文件，选择"阴离子"，确定。（注意：点击"change"时，电脑可能会提示："system is modified，Save changes？"，点击"No"。）更换系统后，重复第 3 步。

（5）大约 30 分钟后，观察基线是否平稳。如果已经平稳，关闭白色窗口，不保存。

（6）测定标准溶液，点击"Components"图标，出现组分表，填写离子名称，然后，点击"Concentration"，输入相应浓度，确定。在"File"菜单中，点击"Save"，然后点击"Method"，电脑会提示："方法已经存在，是否替换?"，点击"是"。

（7）点击控制台中的"Start"，出现样品信息窗口，输入标样编号、校正水平。校正水平的填写要注意：标准溶液1，就填写"1"，标准溶液2，就填写"2"，依次类推。然后，点击"确定"。

（8）点击控制台上的"Fill"，开始进样。等水负峰完全出来后，点击控制台上的"Inject"，出现蓝色界面，仪器开始分析（自动记录谱图）。

（9）在分析第1个标样的时候（此时为蓝色界面），点击"Components"图标，出现组分表，在"Peak"栏中指定各离子的峰号，确定。在"File"菜单中，点击"Save"，然后点击"Method"，电脑会提示："方法已经存在，是否替换?"，点击"是"。

（10）然后，分析第2个标样（从第7步开始重复），直到全部标样分析完成。

（11）标准溶液分析完以后，开始分析样品。点击控制台中的"Start"，出现样品信息窗口，输入样品编号，校正水平填写"0"。

（12）点击控制台上的"Fill"，开始进样。等水负峰完全出来后，点击控制台上的"Inject"，出现蓝色界面，仪器开始分析（自动记录谱图），并自动计算结果。

（13）样品全部分析完以后，点击控制台中的"Control"，点击"Shut down hardware"关闭硬件，仪器各部分停止工作。之后关闭整个软件。（注意：关闭整个软件时，电脑可能会提示："系统已改变，是否保存?"，点击"否"）。

（14）关闭仪器电源。

三、操作注意事项

（1）保持泵头无气泡，每周至少开机一次；若长时间未开机，需在开泵前排除泵头气泡。

（2）应避免分析含有强氧化性物质、油性水不溶物、高浓度有机溶剂等物质的样品，避免样品中水不溶物进入柱子导致柱头堵塞或柱效能下降，应使用滤膜除去杂质。

（3）流动相瓶中滤头要注意始终处于液面以下，防止将溶液吸干。

（4）用去离子水或流动相清洗整个流路时，可以采用大流量清洗（但不能太大）以缩短清洗时间，但在通流动相接色谱柱时需要将流量调整为色谱柱使用流量条件。

（5）接色谱柱时，应先将接头在色谱柱前端抵上 2~5s，将色谱柱前端气泡排除后再将接头拧紧。待色谱柱下端流出溶液后，再将色谱柱下端接头拧上。接头不能拧的太紧，防止将管路卡的太紧而造成系统压力增大，拧的程度以不漏液为宜。

（6）进样时，阀的扳动不能太快，以免损伤阀体；也不能太慢，以免造成样品流失。

（7）进样过程中，要严格按清洗程序操作，以减小前次样品残留对本次检测的影响。

（8）使用阴离子色谱柱检测，通流动相时要将电流旋钮打开，实验完毕，在关闭高压泵以前将电流关闭。

第四节　紫外-可见分光光度计

一、基本原理

紫外-可见分光光度计（UV-VIS）是一种对物质进行定性分析、定量分析及结构分析的仪器，其结构大致如图 7-8 所示。

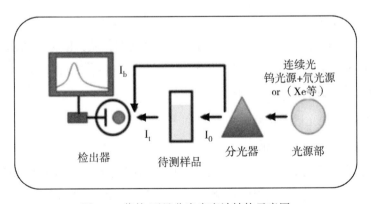

图 7-8　紫外-可见分光光度计结构示意图

其定性分析原理：分子中的某些基团吸收了紫外可见辐射光后，发生了电子能级跃迁而产生吸收光谱，由于不同物质的的分子、原子和分子空间结构各不相同，其吸收光能量的情况也存在差异，因此，每种物质就有其特有的、固定的吸收光谱曲线，根据这一特性，可对物质进行定性分析。

其定量分析原理：当一束平行的单色光通过某一均匀、非散射性的有色溶液时，溶液的吸光度与溶液的浓度和光程的乘积成正比，这是著名的郎伯-比尔定律。这一定律是光度分析中定量分析最基础、最根本的依据。依据该定律，通过对物质吸光度或透过率的测量，进而判定该物质的含量。

其结构分析原理：与定性分析原理相似，根据每种物质特有的、固定的吸收光谱曲线，可判断物质所含官能团、有机化合物的同分异构体。例如，某一化合物在 250~300nm 有强吸收带，则表示存在苯环的特征吸收。

在紫外可见分光光度计中，常用的光源有热辐射光源和气体放电光源。其中，热辐射光源用于可见光区，如钨灯和卤钨灯；气体放电光源用于紫外光区，如氢灯和氘灯。盛装待测溶液的吸收池又称比色皿或比色杯，按材料可分为玻璃吸收池和石英吸收池，玻璃比色皿适用范围：320nm~1100nm，石英比色皿适用范围：200nm~1100nm。玻璃吸收池不能用于紫外区。

二、操作规程(以 SHIMADZU UV2600 为例)

1. 开机

(1)打开电脑。保证样品仓内无样品及其他物品，以免遮挡光路。

(2)打开仪器开关，仪器自检，前面绿灯闪烁。当有鸣响声发出且绿灯不闪，则表明自检完成。

(3)双击光谱分析软件。

2. 选择模块，测试样品

仪器提供的测试模式有"光谱模块""动力学模块"和"光度测定模块"。其中，光谱模块用以检测样品对一定范围波长光的吸收情况，对样品进行定性测量；动力学模块是检测样品在特定波长范围内吸光度(或透过率)随时间的推移而发生变化情况，用以检测样品的稳定性或进行化学动力学研究；光度测定模块是检测样品在特定波长中的吸光度（或透过率）。不同的模块的操作步骤如下：

（1）光谱模块

- 点击软件菜单栏中的"光谱"图标，再点击"连接"，UV 主机会给出自检报告。所有结果均为绿色，则自检通过，点击"确定"。
- 单击"M"图标或点击"编辑"菜单中的"方法"，在"测定"选项中设定检测参数。
- 在样品室内参比及检测光路同时放入装有空白溶液的比色皿。
- 点击"基线"，显示[基线参数]窗口，确认显示的校正范围与"方法"中设置的波长范围一致，然后单击[确定]。开始基线校正以扣除空白的背景吸收。
- 将检测光路中的空白溶液换成待测样品。点击"开始"进行测试。
- 测定结束，点击"文件"菜单的"另存为"即可保存数据谱图。

（2）动力学模块

- 点击软件菜单栏中的"动力学"图标。
- 点击"M"图标，输入波长和时间。
- 在样品室内参比及检测光路同时放入装有空白溶液的比色皿，点击"自动调零"。
- 将检测光路中的空白溶液换成待测样品，点击"开始"即可检测。
- 测定完显示"数据集设定"，点击"完成"。
- 点击"文件"菜单的"另存为"保存数据。

（3）光度测定模块

该模块有两种分析方法可选，即原始数据法和多点法。

A. 原始数据法

- 点击软件菜单栏中的"光度测定"图标。点击"M"图标输入波长，点击"下一步"选择类型"原始数据"。
- 依次点击"原始数据"→"下一步"→"下一步"→"完成"→"关闭"。点击"M"图标设定波长。
- 在样品室内参比及检测光路同时放入装有空白溶液的比色皿。

札记

若单波长测定，点击"自动调零"。若多波长测定，点击"基线"，扫描范围应包含所选波长。

- 在样品表中输入待测样品信息（样品名必须是英文或数字），选中待测样品，将检测光路中的空白溶液换成待测样品，点击界面下方"读取 unk"。

- 扫描完成，点击"文件"的"另存为"保存谱图文件。点击"编辑""清除样品表"，然后可进行其他工作。

B. 多点法

- 点击软件菜单栏"光度测定"图标，点击"M"图标输入波长，点击"下一步"，"标准曲线"，选择类型"多点"，选择波长，点击"关闭"。

- 在样品室内参比及检测光路同时放入装有空白溶液的比色皿。点击"自动调零"。

- 在标准表中输入样品名和各样品浓度，分别放入对应浓度样品，点击"读取 std"，点击"是"。

- 右侧图给出样品对应的点，仪器可自动绘制标准曲线。点击软件菜单栏"图像"，点击"标准曲线统计"，即可给出标准曲线相关信息。

- 点击"文件"菜单中的"另存为"保存测量结果。

3. 关机

- 点击"断开"，关闭软件，再关闭仪器。

- 取出比色皿，用蒸馏水冲洗干净，倒立晾干。

- 将干燥剂放入样品室内，盖上防尘罩，填写实验记录。

三、操作注意事项

（1）开机前，先确认仪器样品室内是否有东西挡在光路上，光路上有东西将影响仪器自检甚至造成仪器故障；仪器自检过程中禁止打开样品室盖。

（2）比色皿内溶液以皿高的 $2/3 \sim 4/5$ 为宜，不可过满以防液体溢出腐蚀仪器。测定时应保持比色皿清洁，池壁上液滴应用擦镜纸擦干，切勿用手捏透光面。

（3）比色皿应配对使用，不得混用。置入样品架时，石英比色皿上

端的"Q"标记(或箭头)、玻璃比色皿上端的"G"标记方向应一致。测定 札记
紫外波长时，需选用石英比色皿。

(4)测定时，禁止将试剂或液体物质放在仪器的表面上；每次使用
结束后，应仔细检查样品室内是否积存溢出的液体，经常擦拭样品室，
以防废液对部件或光路系统的腐蚀。

(5)停止工作时，需用防尘罩罩住紫外可见分光光度计，并在罩内
放置防潮剂(例如硅胶)，以免仪器积灰、玷污和受潮。

(6)使用沾水的软布擦拭紫外可见分光光度计外壳，切勿用有机溶
剂；清洁紫外可见分光光度计前，应先切断电源，拔断电源线。

(7)经常检查紫外可见分光光度计背部散热孔，风扇，保持通畅。

(8)钨卤素灯使用较长时间后，会变暗或烧毁，需定期检查，必要
时进行更换。

第五节　总有机碳分析仪

一、基本原理

总有机碳分析仪，是指用于测定溶液中的总有机碳(TOC)的仪器。
其测定原理是：把不同形式的有机碳经氧化转化为二氧化碳，在消除干
扰物质后由检测器测得二氧化碳含量，利用二氧化碳与总有机碳之间碳
含量的对应关系，对样品中的总有机碳进行定量测定。

TOC测定仪常用的氧化技术(即样品的消解方式)分为高温燃烧法
(干法氧化)和化学氧化法(湿法氧化)两类，主要包括高温催化燃烧氧
化、过硫酸盐氧化、紫外光(UV)/过硫酸盐氧化、紫外光(UV)氧化等。
干法氧化(高温催化燃烧氧化)的特点是检出率较高、氧化能力强、操
作简单快速，需使用催化剂和载气；湿法氧化的特点是准确度高、进样
量大、灵敏度高、安全性能好，但耗时较长。高温催化燃烧氧化是在高
温下燃烧样品中的有机物，使其转化为CO_2，如果温度控制合适，且催
化剂效果良好，那么这种方法是氧化效率最高的方法，因此被认为是一
种最准确的方法。

有机碳燃烧所产生的CO_2的检测方法有非色散红外吸收法(NDIR)、
电导法、库仑计法和气相色谱法等。目前，美国试验材料科学会

（ASTM）认证的 CO_2 检测法只有非色散红外吸收法和薄膜电导率法，其中非色散红外吸收法稳定性好、测量范围宽、精度高、灵敏度高、检出限低，应用最成熟、最方便，是 CO_2 检测技术的主流。

目前，我国国家标准《水质 总有机碳 TOC 的测定非色散红外线吸收法》（GB13193—91）采用的是氧化燃烧—非色散红外线吸收法。图 7-9 为某品牌 TOC 分析仪的氧化燃烧—非色散红外线吸收法的内部结构。

1—TIC反应器
2—Pilter电子冷凝器
3—卤素捕集
4—水分捕集器
5—磷酸蠕动泵
6—LED指示灯
7—计量泵
8—排污蠕动泵
9—磷酸瓶
10—收集盘

图 7-9　TOC 分析仪的内部结构

此外，有些 TOC 分析仪可直接检测固体样本的总有机碳含量，例如土壤、沉积物、肥料、建筑垃圾、泥浆、过滤网、灰土、家庭垃圾等。图 7-10 为某品牌 TOC 分析仪的固体样本燃烧组件及燃烧舟。

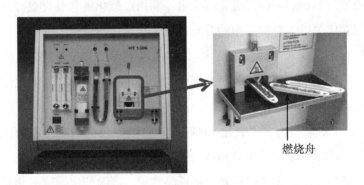

燃烧舟

图 7-10　TOC 分析仪的固体样本燃烧组件及燃烧舟

二、操作规程（以 Multi N/C 3100，液体样本为例）

（1）打开氧气瓶总阀，调整氧气减压阀的分压阀至 0.4~0.6MPa。

（2）打开主机电源，然后打开自动进样器电源（如果有的话）。

（3）打开计算机电源。

（4）待主机指示灯变绿后，打开操作软件。

（5）输入软件账号和口令，点击 OK；登录后，各组件初始化、自检。

（6）选择方法

①新建方法：点击菜单"方法"，选择新建方法"新建"，在"名称"中输入新的文件名后，选择测量参数，选择测量次数（如 2~3），选择测试精度要求（如 2%），点击过程参数"过程参数"对话框，选择进样体积（如 300μL），设定"炉体温度"（Pt：800℃，CeO_2：850℃），选择积分时间"最长积分时间"（如：300S）。点击"保存"，点击"是"确定此方法，再次点击"是"确定此方法作为当前的测量方法。

②载入已存方法：点击"装载方法"，选中已存方法，点击"OK"确认。已存方法中已包含校准曲线，可用一点标准样品来检验校准曲线是否满足测试要求（校准曲线是否漂移），如果校准曲线满足测试要求，可直接测试样品，否则需重新制作校准曲线。

（7）校准曲线的制作

①点击界面上快捷键"校正"，点击"是"确定，再次点击"是"确定采用当前方法，输入校准曲线的标准样品个数，输入每个标准样品的浓度（mg/L）。

②点击右下角"测量"按钮后直接进入测量界面，如果配有自动进样器，则会弹出自动进样器对话框，将标准液放在相应的位置上（注意：如果选择制备空白是测量得到的，那么第一个位置放制备空白），点击 ▶ 按钮后表示已经准备好标样，然后点击 ✔ 按钮进入测量界面。

③在测量界面上点击"开始/F2"后开始做标准样品，接着按照提示将进样管插入不同的标准样品中，如果配有自动进样器，自动进样器会自动插入到相应的标准样品溶液中。校准曲线做好后，软件将自动弹出校准曲线图，操作人员可通过选择标准样品点数来修改校准曲线。校准曲线修改后，点击"应用到方法"，点击"是"确认连接到此方法，再点击"应用"将现有的校正参数加载至方法中，这时校准曲线的 K1、K0 将变为新值。点击"关闭"按钮关闭当前对话框，再关闭校准曲线对话框。

札记

（8）测量样品

①选择"开始测量"快捷键或者直接点击 F2 键，输入样品表名称，如果想把数据附加在已有的数据表后面点击"是"，否则重新输入一个新的分析表名称，点击右下角的"开始"后进入测量界面，然后再点击"开始 F2"按照提示将样品管插入相应的样品中进行测量。

②如果配有自动进样器，在确认完分析表后会出现以下对话框，如果有已保存的样品位置表可以点击"是"来打开，否则点击"否"新建样品位置表。在对应样品位置上输入样品名称点击 ▶ 图标将样品准备好，再点击 ✔ 进入测量界面，在测量界面中再点击"开始 F2"进行样品的测量。

（9）样品结果的调出

点击"数据报告/分析数据报告"弹出分析数据表，点击 图标，出现列表，在列表中双击自己要看的结果。

（10）关机

选择"退出"按扭，选择"关闭仪器"，退出软件，关闭自动进样器电源，关闭计算机，将氧气瓶总阀关闭，松开氧气瓶分压阀，30 分钟后关闭主机电源。

三、操作注意事项

（1）仪器周围不可存放有爆炸危险的物品，不可吸烟、进食；避免阳光或紫外光直接照射仪器；确保工作区域通风良好。

（2）开机前应检查以下内容：①废液管连接一个合适的废液瓶或排水系统，废液流动通畅，废液瓶有足够的空间；②气体有合适的减压阀，出口压力 0.4~0.6MPa；③磷酸瓶中有足够的磷酸（每次 TIC 分析使用 0.5mL）；④卤素捕集器连接好，装填的铜丝可被使用（详见第 3 条注意事项）；⑤仪器中的管道连接好，状态良好。

（3）如果卤素捕集器中的铜丝有一半变黑或者黄色的铜丝变色，需更换整个的卤素捕集器，以防止侵蚀性的燃烧产物损坏光学和电子部件（检测器，流量传感器）；

（4）清洗超纯水应每周更换一次；10%磷酸每 3 个月或者用完后更换；每半年或一年应定期清洗陶瓷燃烧管。

（5）应定期清扫燃烧管，以除去其内部的粉尘等；应定期更换燃烧管内的石英棉，石英棉千万不要放在燃烧管中部（会熔化），应放在靠出口处约 2cm 处。

（6）只有待主机指示灯变绿后，才能打开操作软件。

（7）仪器一旦发生电路故障，立即关掉后面板上的电源开关并将电源线从主板上拔除。

（8）氧气输送所用的管道、气管、螺丝和减压器必须预防油脂；管道、气管和螺丝需定期进行防漏测试，检查有无损坏，一旦发现泄漏和损坏，立即修缮；在对仪器进行检查、维护和维修前，关闭阀门，排出余气。

（9）如果仪器配制了自动进样器，应调节好自动进样器的进样位置及进样深度。

（10）每次测试完毕后，应进几针空白液，待仪器指示稳定后，再退出软件，关闭仪器。

（11）操作人员必须熟悉测试液的危险性，制备试剂时佩戴护目镜和保护手套。

（12）中途休息前或完成工作后，操作人员应该洗手，并采取保护皮肤的措施。

第六节　气相色谱仪

一、基本原理

气相色谱仪是指用气体作为流动相的色谱分析仪器。主要包含气源、进样口、柱箱、检测器和工作站。其结构示意图如图 7-11 所示。

其工作原理是：利用试样中各组分在气相和固定液液相间的分配系数不同，当汽化后的试样被载气带入色谱柱中运行时，组分就在其中的两相间进行反复多次分配，由于固定相对各组分的吸附或溶解能力不同，因此各组分在色谱柱中的运行速度就不同，经过一定的柱长后，便彼此分离，按顺序离开色谱柱进入检测器，产生的离子流信号经放大后，在记录器上描绘出各组分的色谱峰。不同化合物在气相色谱中的分离过程如图 7-12 所示。

札记

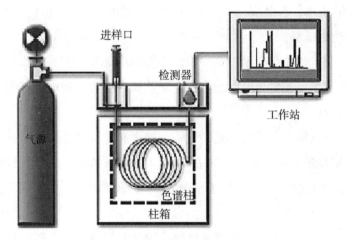

图 7-11　气相色谱仪的结构示意图

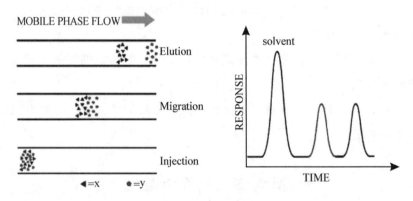

图 7-12　不同化合物在气相色谱中分离过程的示意图

　　气相色谱仪可用于分析实验样本中热稳定且沸点不超过 500°C 的有机物，如挥发性有机物、有机氯、有机磷、多环芳烃、酞酸酯等。能直接用于气相色谱分析的样品必须是气体或液体，固体样本需通过适宜的前处理方法将待测物提取到某种溶剂中，再上机检测。

　　气相色谱仪中常用的检测器有热导检测器(TCD)、氢火焰离子化检测器(FID)、电子捕获检测器(ECD)、火焰光度检测器(FPD)、氮磷检测器(NPD)、光离子化检测器(PID)等。其中，FID、TCD、ECD、FPD 使用最广泛。如图 7-13 所示。

　　实验过程中，可根据实验需求选择不同类型的检测器，表 7-1 列举了不同检测器的选择性对比。

图 7-13　气相色谱中的不同检测器

表 7-1　　　　　　　　　　**不同检测器的选择性对比**

检测器	选择性	载气	辅助气体
a. 通用型检测器			
TCD	有机物、无机物 非破坏性检测器	氮气、氦气	不需要
FID	有机物 破坏性检测器	氮气、氦气	氢气，无油空气做燃烧气
b. 选择性检测器			
ECD	卤素、过氧化物、醌类、硝基化合物	氮气	不需要
NPD	P、N	氮气、氦气	氢气，无油空气做反应气
FPD	P、S	氮气、氦气	氢气，无油空气做燃烧气

二、操作规程(以 PE Clarus 580，FID/TCD 检测器为例)

1. 开机

(1)开启载气，打开仪器电源开关，仪器自检完成后，按"Log in"进入仪器状态画面。

(2)按屏幕显示方法开始加热各部分温度，当所有部分都达到设定值后，屏幕显示"READY"即可进样分析。注意：若屏幕长时间显示"NOT RDY"则需检查气路或电路各部分工作情况，通常没准备好的部分的图标右下角会有一红点闪烁。

2. 方法调用

(1)按 Tools 键，选择 Method Editor 菜单，进入方法编辑。在方法编辑里面，可以打开、编辑、存储、删除、激活方法。

(2)在方法编辑页面下，点击要设置的项目，如进样口，柱温箱，检测器。设置相应的参数，存储并激活该方法。

3. 方法的建立和存储

在方法编辑器里面，点"OVEN"图标，开始输入方法参数和条件，设定柱箱温度程序。

4. 点击 A-PSSI 标签，设定进样器温度及程序

(1)PSS 程序气路进样口可设定温度和载气程序，分流比或分流流量。

(2)Cap 毛细柱分流/不分流进样口可设定载气程序，温度，分流比或分流流量。

(3)PKD 填充柱进样口可设定温度，载气压力或流量。

(4)输入温度，流量等可直接输入，程序输入先按"Program"按钮，再进行输入。

(5)按"A"或"B"按钮切换前后进样口。

5. 设置检测器参数

(1)按第三个标签 A-FID，进入检测器参数设置。Temp：温度；Heater Off：加热关闭；Atten：信号衰减倍数；Range：检测器灵敏度选择；AutoZero：自动调零选项；Ignite：点火按钮。

(2)按"A"或"B"按钮切换前后检测器，A 表示 FID 检测器，B 表示 TCD 检测器。

(3)TCD 热导检测器需要选择桥电流，为$-160mA \sim +160mA$。

6. 设定仪器运行时间事件表

(1)点"Events"标签进入设置界面。按"ADD"按钮，选择相应时间事件，输入时间、参数、添加进去。

(2)如果为手动气路控制系统，要使用分流进样时，需要在"Relays"里面打开分流阀。

（3）参数设定完毕，保存方法，激活方法，退出方法编辑器。

（4）待系统准备就绪。

7. 进样

（1）点击进样针图标，进入进样控制界面。

（2）如果用自动进样器进样，选"Autosample"，如果用手动进样，选"Manual"。

（3）Method：当前使用的方法；Vials：样品列表，只可连续放置样品瓶；Vol：进样体积；Injector A/B：前或后进样口；Injections/Vial：每瓶样品重复进样次数。

（4）按"Start"键即可开始进样。

8. 实时谱图显示

（1）按右上角黄色色谱图图标，即可进入显示实时谱图界面。

（2）按"＋"按钮，放大谱图，按"－"按钮，缩小谱图。

（3）Zero Display：显示谱图基线调零；AutoZero：检测器调零；A/B按钮：切换显示前后检测器信号。

三、操作注意事项

（1）气体钢瓶总压力表不得低于 2.0 Mpa；必须严格检漏；严禁无载气气压时打开电源。

（2）安装拆卸色谱柱必须在常温下。

（3）毛细管色谱柱安装插入的长度要根据仪器的说明书而定，不同的色谱汽化室结构不同，所以插进的长度也不同。

（4）更换密封垫不要拧得太紧，一般更换时都是在常温条件下，温度升高后会更紧，密封垫拧得太紧会造成进样困难，常常会把注射器针头弄弯。

（5）密封垫分一般密封垫和耐高温密封垫，汽化室温度超过 300℃时用耐高温密封垫。

（6）使用氢火焰离子化检测器(FID)时应注意以下内容：

- 对于长时间未使用的检测器，在实验开始之前，需要将其在150℃下烘烤 2 个小时。

- FID 安装毛细管柱时不需要加尾吹。

札记

- H_2属于易燃易爆气体，在色谱柱的安装与拆卸、还有柱试漏前，不要通氢气；对于双检测系统，当只有一个检测器工作时，需要将另一个检测系统用闷头螺丝堵死。
- FID 点火注意事项：手动气路应先开氢气阀半分钟，点火同时开空气阀，观察仪器背景值的变化即可判定火焰是否点燃；自动气路可由键盘直接点火。
- FID 关机时，依次关闭空气、熄火、降温，关载气和氢气，最后停检测器的加热电流。

(7)使用电子捕获检测器(ECD)时应注意以下内容：

- 工作温度应大于 300 度，以减少污染；
- 载气气路应加装除氧过滤器，以减少氧气和水等的干扰；
- ECD 安装毛细管柱时需要加尾吹。

(8)使用热导检测器(TCD)时应注意以下内容：

- 打开桥流开关时，必须有载气通过 TCD，否则空气中的氧会使热导元件烧坏；
- 尽量避免用 TCD 检测酸类、卤代化合物、氧化性和还原性化合物；
- 载气和尾吹气应加净化装置，除去氧气，以防热丝长期受到氧化，有损其寿命。
- 热导池中的关键热导元件是用钨铼丝制作，钨铼丝容易氧化，而仪器停机后，外界空气往往会返进热导池和柱系统，因此必须在开机时先通载气 10 分钟以上再通电，停机时间越长，重新开机时先通载气的时间也要越长，否则系统中残留的空气中氧气会将钨铼丝元件氧化或烧断。

(9)使用氮磷检测器(NPD)时应注意以下内容：

- 使用前要进行铷珠老化；
- NPD 不能测定以卤代烃为溶剂的样品；
- 分析结束后要及时关闭铷珠电压。

(10)使用火焰光度检测器(FPD)时应注意以下内容：

- FPD 使用 H_2作为载气，需要防止氢气的泄漏；
- 加热到所需温度后，要有足够长时间来稳定(3 小时以上)；

- 操作时不要触及外壳，避免烫伤；
- FPD 检测器本身的衬管一定要透明洁净(在检测器未升温的时候拿出来检查)；
- 工作期间不许拿下 FPD 帽子，以防止 FPD 电倍增管检测器受损；
- 关闭电源后，方可更换滤光片、打开检测器盖；
- 禁止直接用手触摸光度测定部件，如滤光器、石英窗和光电倍增管，避免透光率的下降；
- 分析结束后要及时关闭 FPD 光电倍增管检测器，以延长检测器寿命。

第七节　傅里叶变换红外光谱

一、基本原理

光谱仪按照光学系统的不同可以分为色散型和干涉型。色散型光谱仪根据分光元件的不同，又可分为棱镜式和光栅式；干涉型红外光谱仪即傅立叶变换红外光谱仪(FTIR)，这是因为干涉仪不能得到人们习惯并熟知的光源的光谱图，而是光源的干涉图，为此根据数学上的傅立叶变换函数的特性，利用电子计算机将其光源的干涉图转换成光源的光谱图，即将以光程差为函数的干涉图变换成以波长为函数的光谱图，故干涉型红外光谱仪称为傅立叶变换红外光谱仪。

FTIR 是确定分子组成和结构的有力工具。根据未知物红外光谱中吸收峰的强度、位置和形状，可以确定该未知物分子中包含有哪些基团，从而推断该未知物的结构。FTIR 可以用于定性分析，也可以用于定量分析，还可以对未知物进行剖析。固体、液体或气体样品均可检测；单一组分的纯净物和多种组分的混合物也都可以使用 FTIR 测定。

其工作原理是：光源发出的红外辐射经干涉仪转变成干涉光，通过试样后，得到含试样信息的干涉图，由电子计算机采集，并经过快速傅立叶变换，得到吸收强度或透光度随频率或波数变化的红外光谱图。其结构示意图如图 7-14 所示。

札记

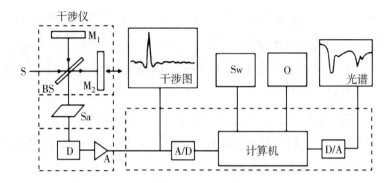

S—光源；M₁—定镜；M₂—动镜；BS—分束器；Sa—样品；D—探测器；

A—放大镜；A/D—模数转换器；D/A—数模转换器；Sw—键盘；O—外部设备

图 7-14　傅里叶变换红外光谱仪结构示意图

二、操作规程（以 Nicolet iS5 为例）

1. 开机前准备

(1)去除样品仓和检测器仓的干燥硅胶。

(2)开启空调或除湿系统，控制室温在 20～30℃，湿度为 40%～50%，避免强光直射。

2. 开机

(1)在未接通电源前，检查设备的电源开关均在"关"的位置上，检查设备电源、信号连接是否完好。

(2)按光学台、打印机及电脑的顺序开启仪器。

3. 仪器自检

(1)打开仪器操作软件进入工作站，仪器将自动检测。右上角显示"绿色对号"状态标识，表示电脑和仪器通讯正常。如不正常（显示红叉），通过下拉菜单【采集】→【实验设置】→【诊断】或【采集】→【Advanced Diagnostics…】查找原因或调整仪器。

(2)主机面板当中的四个指示灯分别代表：电源、扫描、激光、光源。扫描指示灯在测定过程中亮，其他三个常亮；如果出问题时，会熄灭。

4. 软件操作

(1)参数设置：点击【采集】→【实验设置】→【采集】，扫描次数、分辨率、Y 轴格式、谱图修正、文件管理、背景处理、实验标题、实验描述等进行设定，可点击【光学台】，检查干涉图是否正常，有问题时点击【诊断】进行检查、调整。保存实验参数。

（2）采集背景光谱：将背景样品放入样品仓或以空气为背景，按【采集背景】按钮，出现提示"背景 请准备背景采集"，点击【确定】，开始采集背景光谱(背景采集的顺序要同采集参数中"背景处理"一致)。

（3）采集样品光谱：制备样品压片，点击图标【采集样品】按钮，出现对话框，输入谱图标题，点【确定】，出现提示"样品 请准备样品采集"，插入样品压片，点击【确定】，开始采集样品光谱。

（4）文件保存：点击菜单【文件】→【保存】(或【另存为】)，选择保持的路径、文件类型、文件名，保存。

5. 光谱图的显示与处理

（1）使用菜单【显示】项中的有关命令，可以查看比较多个光谱图：可以分层显示，满刻度显示，同一刻度显示，可以隐藏光谱图。

（2）使用菜单【编辑】中的剪切、拷贝、粘贴命令可对谱图在不同窗口之间进行复制、粘贴等，以及对工具栏进行编辑。

（3）点击菜单【窗口】可建立新窗口，选中某窗口，平铺或层叠窗口。

（4）使用菜单【数据处理】中有关命令，可对谱图进行各种处理，如将%透过率图转化为吸收度图，或将吸收度图转化为%透过率图，其他转换、自动基线校正、高级 ATR 校正、差谱、平滑、导数谱图等。

（5）使用菜单【谱图分析】的有关命令，可对谱图进行标峰、谱图检索、谱库管理、加谱图入库、定量分析等。

6. 打印

（1）直接打印选中的光谱图：点击按钮【打印】或菜单【文件】→【打印】。

（2）按照报告模板打印：点击菜单【报告】→【报告模板】，选择已有的报告模板，打印报告。

7. 关机

（1）点击关闭按钮或点击菜单【文件】→【退出】，退出操作软件，关闭 FTIR 电源。

（2）盖上仪器防尘罩；在记录本中记录使用情况。

三、操作注意事项

（1）保持实验室安静和整洁，不得在实验室内进行样品化学处理，实验完毕即取出样品室内的样品。

（2）样品室窗门应轻开轻关，避免仪器振动受损。

（3）测试样品时，应尽量减少室内人数，注意适当的通风换气，使二氧化碳降低到最低限度以保证图谱质量。

（4）当测试完有异味样品时，需用氮气进行吹扫。

（5）定期检查光学密封台中及样品仓中干燥剂状态，失效需及时更换。

（6）如果光学台中的平面反射镜和聚焦用的抛物镜上附有灰尘，需用洗耳球将灰尘吹掉，不可用有机溶剂冲洗，更不能用镜头纸擦拭。

（7）压片用模具用后应立即把各部分擦干净，必要时用水清洗干净并擦干，置干燥器中保存，以免锈蚀。

第八节 电感耦合等离子体-质谱仪

一、基市原理

电感耦合等离子体-质谱仪（ICP-MS）是以电感耦合等离子体作为离子源，以质谱进行检测的无机多元素分析技术，其基本结构如图 7-15 所示。它以独特的接口技术将电感耦合等离子体（ICP）的高温（6000-8000K）电离特性与四极杆质量分析器（MS）的快速灵敏扫描的优点相结合，能够同时测定几十种痕量无机元素，可进行同位素分析、单元素和多元素分析以及有机物中金属元素的形态分析。ICP-MS 几乎能够测量所有的样品，并且在许多痕量和超痕量元素测定中超越了石墨炉原子吸收光谱法的检出能力（ppt 级）。

标准 ICP-MS 仪器分为三个基本部分：ICP（样品引入系统，离子源）、接口（采样锥，截取锥）、质谱仪（离子聚焦系统，四级杆过滤器，离子检测器）如图 7-15 所示。

札记

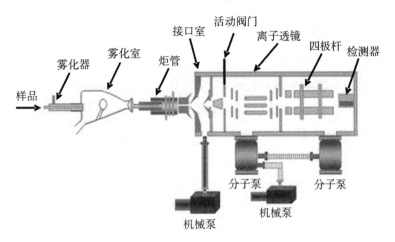

图 7-15　电感耦合等离子体-质谱仪结构示意图

其工作原理是：样品由载气(Ar)带入雾化系统进行雾化后，以气溶胶形式进入等离子体的轴向通道，在高温和惰性气体中被充分蒸发、解离、原子化和电离，转化成带电荷的正离子，通过铜或镍取样锥收集的离子，在低真空约 133.322 Pa 压力下形成分子束，再通过 1~2 毫米直径的截取锥进入质谱分析器，经滤质器质量分离后，到达离子检测器，根据检测器的计数与浓度的比例关系，可测出元素的含量或同位素比值。

二、操作规程(以 ThermoFisher iCAP RQ 为例)

1. 仪器的准备

(1)开机抽真空。

(2)确认稳压电源工作正常，输出电压稳定(220V/50Hz)。

(3)打开仪器主机左侧电源开关。

(4)开启电脑，启动 Instrument Control 软件。如果真空未启动，在软件中启动真空系统。

(5)等待分析室真空小于 5×10^{-7} mbar。

2. 点火

(1)打开氩气总阀，调整分压为 0.6MPa(不要超过 0.7MPa)。

(2)确保分析室真空小于 5×10^{-7} mbar。

(3)检查并确认进样系统(炬管、雾化室、雾化器、泵管等)是否正确安装。

（4）开启循环水机，开启排风机，软件中检查排风在 0.5mbar 以上（建议排风一直开着）。

（5）上好蠕动泵夹，把样品管放入蒸馏水中。

（6）点击 Instrument Control 软件左上角的"ON/开"点火（注意：点火时要在观察窗口关注矩管情况，若发生烧坏矩管，矩管变红，应立即往右扭动紧急熄火把手，熄火，查明原因后再点火），仪器进入"operate"状态，稳定 10~20 分钟。

（7）检查仪器灵敏度和稳定性，有必要的话进行自动调谐。每天检测前需要关注仪器状态，进调谐液，点左上角的"运行"，查看右边动态的仪器状态，要求：STD 模式下信号 Li>5w、Co>10w、In>22w、U>33w、CeO/Ce<3%；KED 模式下信号 Co>3w 、Co/ClO>18；并电脑截图保存下图片，作为仪器正常的证据。如仪器达不到上面的要求，需要进行自动调谐。检测器交叉校正一个星期做一次，质量校正一个月做一次。

3. 分析

（1）打开 Qtegra 软件，点击仪表盘选择仪器配置，手动进样选择 iCAP RQ，自动进样选择 iCAP RQ-ASX560。

（2）点击"LabBooks"打开或新建方法后，在 iCAP RQ-方法参数列下-分析物→选择元素；采集参数设定驻留时间 0.02S，测定模式 KED 或 STD；标准→新建标准曲线浓度和个数；定量→选择元素是否定量，内标选择；iCAP RQ-样品列表→输入需要检测的标液和样品信息。

（3）所有参数设完，保存方法，自动进样倒好样品，先测试标准溶液，再分析样品。

（4）检查标准曲线线性关系，保证样品结果准确性。

（5）分析完毕后，用空白溶液（如稀硝酸或超纯水）冲洗进样系统 5~10 分钟。点击 Instrument Control 左上角的"OFF/关"，熄火。

（6）等离子熄火后，等待软件左下角显示"Standby/就绪"，松开蠕动泵管，关闭循环水机。

（7）关闭氩气、冷却水。

4. 停机

若仪器长期停用，可以考虑彻底关机。否则建议一直保持真空状态。

三、操作注意事项

(1)禁止将任何物品放置在仪器上，尤其是盛有溶液的容器。

(2)切勿在进气口开放并可触及时操作真空泵。在运行真空泵期间，切勿打开它的真空接口以及注油、排油开口。在某些操作程序中，危险物质和油料可能会从泵中溢出，需采取必要的安全防护措施。

(3)每次开机点火前检查水箱、蠕动泵管有没有压好、废液管有无磨损，如果蠕动泵管没压好，很容易造成雾室积液进而导致炬管被烧。一般雾室和炬管之间都是通过一根连接管连接的，如果雾室的液体不及时排掉，很容易流到炬管内，而炬管在点火的温度特别高，所以很容易烧掉。

(4)石英材质的雾化器切勿超声，一般采用酸煮或者酸浸泡的方式清洗；雾化器若出现堵塞的情况，可采用头发丝或者氩气反吹的方式进行疏通；大小锥一般采用抛光粉打磨清洗，切勿超声，超声易造成锥口变形，从而影响灵敏度。

(5)在拆卸雾化室时会释放 UV 射线。UV 辐射可导致严重的皮肤损伤、眼损伤或失明，需做好眼睛和皮肤的防护工作；拆除雾化室时所释放的高温气体可能会导致严重烫伤；当等离子体还没有消失时，禁止拆除雾化室。

(6)等离子体关闭至少 5 分钟以后，再去触碰矩管或锥体。

第九节　高效液相色谱仪

一、基本原理

高效液相色谱仪(HPLC)是实现液相色谱分离分析过程的装置，其结构如图 7-16 所示。

高效液相色谱仪的工作原理是：同一时刻进入色谱柱中的各组分，由于在流动相和固定相之间溶解、吸附、渗透或离子交换等作用的不同，随流动相在色谱柱中运行时，在两相间进行反复多次($10^3 \sim 10^6$次)的分配过程，使得原来分配系数具有微小差别的各组分，产生了保留能

札记

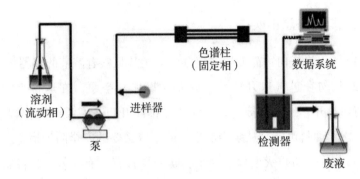

图 7-16 高效液相色谱仪结构示意图

力明显差异的效果,进而各组分在色谱柱中的移动速度就不同,经过一定长度的色谱柱后,彼此分离开来,最后按顺序流出色谱柱而进入信号检测器,在记录仪上或色谱数据机上显示出各组分的色谱行为和谱峰数值。测定各组分在色谱图上的保留时间(或保留距离),可直接进行组分的定性分析;测量各峰的峰面积,即可作为定量测定的参数,采用工作曲线法(即外标法)测定相应组分的含量。

HPLC 适用于高沸点、热不稳定性、离子型样品的分析。

二、操作规程(以 Agilent 1220 Infinity II 为例)

1. 开机

(1)打开仪器电源,计算机电源,打开"1220 联机"图标,进入软件视图界面。

(2)双击"控制"图标下的"仪器状态"图标,点击视图界面的"开启"图标。

(3)待视图界面各状态均变成绿色后,先打开"冲洗阀"排除系统中的气泡。

(4)光标移至主图菜单"梯度泵",右键点击"方法"将"流量"改成 3mL/min,溶剂 A(100%)、B(100%)各放空冲洗 3~5 分钟后(无气泡),关闭"冲洗网"。

(5)将"流量"设为所需流速,用纯有机相冲洗系统 30 分钟,换上所需流动相(排气泡)平衡仪器。

2. 方法的建立

点击视图菜单中的"仪器向导"，双击视图菜单中的"创建新方法"，将方法改好后，点"文件"另存为"方法"命名，点"控制"-"下载方法"，点查看"在线信号"看基线是否平稳。

3. 序列的建立

在视图菜单中点"序列"-"编辑"，将序列中的"重复次""样品瓶""体积""样品 ID""方法""文件名""样品制备"（样品制备视情况设定）编好后，点"文件"另存为"序列"设好文件名，保存。

4. 分析样品

待仪器基线平稳后，查看软件上方的方法与序列是否是本次实验所需要运行的序列，并检查好样品瓶与洗针瓶（视方法而定）的位置与序列中设置的是否正确对应，检查无误后，点击"控制"-"序列运行"。

5. 数据分析

点击电脑桌面上的"1220 脱机"图标，点视图上的"文件"打开一个"结果集"或"数据"选中所要处理的图谱，点视图上的"文件"，打开"方法"，找到"积分事件"进行谱图优化，将积分变化保存到方法，点视图"分析"，等待所需峰出来后，点视图上的"定义单峰"后，点"分析单一级别校正"，最后点"检查校正"得出曲线。

6. 关机

（1）打开电脑桌面上的"1220 联机"图标，进入软件视图界面，双击"控制"-"仪器状态"，光标移到视图菜单"梯度泵"，右键点击"方法"，将"流量"改成 0 mL/min，打开"冲洗阀"-"应用"，再将溶剂 A（100%）、B（100%）各"流量"改成 3mL/min，放空冲洗 3~5 分钟后（无气泡），关闭"冲洗阀"。

（2）将"流量"设为 1mL/min，用纯有机相冲洗系统 60 分钟。

（3）仪器冲洗好后点"控制"图标下的"仪器状态"图标，光标移到视图菜单"梯度泵"，右键点击"方法"，将"流量"改成 0 mL/min，"应用"点视图界面上的"关闭"图标，待视图界面各状态都变成灰色后，关掉仪器上的电源，电脑关机。

三、操作注意事项

（1）溶剂多为挥发性有机溶剂，易燃，故室内严禁吸烟。

（2）氘灯是易耗品，分析前应最后开灯，不分析样品时应及时关闭氘灯。

（3）对于水相溶液来说，首要的问题是防止污染，要勤换流动相，常换常新，夏天对于纯水或者纯盐流动相可以配制后放入冰箱冷藏，临时用放置至室温。纯盐相不要隔夜使用，要当日配当日用，且最好盛放在棕色的流动相瓶中（可以在一定程度上抑制菌类的生长速度）。流动相不要使用多日存放的蒸馏水，一般不宜超过三天（易长菌）。

（4）对于有机相溶液，可以不用担心细菌繁殖的问题。但有机相容易发生聚合，特别是乙腈在适宜的光照条件下极易发生聚合，瓶子里会出现一些絮状的聚合沉淀物。为了防止聚合过程的发生，装乙腈时要用棕色的溶剂瓶，避免阳光直射，更换乙腈时应当弃去瓶底剩余的溶液。

（5）溶剂瓶里的过滤头是为了防止溶液瓶中的颗粒杂质进入到仪器的流路系统中，它的材质通常分为玻璃烧结石英或不锈钢，如果不慎堵塞会造成流动相吸液不畅，在管路中造成气泡，需进行清洗，玻璃材质的通常是用稀硝酸泡，而不锈钢材质的可以直接进行超声清洗。

（6）任何物质测定完后，都必须冲洗泵后再关机，不得直接关机。

第八章　化学实验废弃物的收集与处理

化学实验废弃物是指化学实验室内，由教学、科学研究、开发活动过程中产生的具有各种毒性、易燃性、爆炸性、腐蚀性、化学反应性和传染性，并会对生态环境和人类健康构成危害的所有废弃物。例如化学品空容器、过期与报废化学品、实验产生的化学废弃物、过期的样品、沾染化学品的实验器皿和耗材等废弃物。化学实验室排放的废弃物具有种类多、数量少、变化大和组成复杂等特征，若随意排放，对环境、实验人员的人身安全和身体健康均会造成危害。因此，实验过程中产生的废弃物需进行科学的的分类、收集与管理。

第一节　化学实验废弃物的危害

一、破坏生态环境

（1）污染土壤。实验室废弃物如果处置不当，任意堆放，有毒的废液、废渣很容易渗入土壤，杀害土壤中的微生物，破坏微生物与周围环境构成的生态系统，导致草木不生；会破坏土壤的团粒结构和理化性质，导致土填酸化、土壤碱化和土壤板结，致使土壤保水保肥能力降低。

（2）污染水体。实验室废弃物未收集，直排下水道，或露天存放，在雨水作用下流入水体、污水管网中，会造成水体的污染与破坏，例如水体有机污染、富营养化、生物毒害等。

（3）污染空气。如未能妥善收集和管理，在温度和水分作用下，实验室废弃物将会发生挥发或分解，在风的吹动下扩散，可能会产生破坏臭氧层、导致温室效应、引起酸雨、形成光化学烟雾等危害。

二、引起生物危害

（1）对微生物的危害。危险废弃物中的污染物（如重金属、有机污染物等）进入环境，会对微生物产生毒性。例如：使微生物数量和多样性变少；酶活体降低；抑制微生物的生长、繁殖，使细胞形态异常，裂解；影响微生物的生长动力和光合作用等。

（2）对植物的危害。未经处理的实验废气直接排放至大气中，可能对植物造成危害。例如：二氧化硫、氮氧化物、氯气会引起树叶枯斑、落叶或者堵塞植物叶孔，甚至导致植物死亡。

（3）对动物的危害。实验废弃物中的有害成分进入自然环境后，自然界中的动物通过饮食、呼吸等途径接触有害物质，轻则导致疾病，重则引起死亡。例如：汞、有机氯造成动物中毒死亡；苯酚使鱼、贝类发生臭味；石油及石油产品对海鸟妨碍很大，还使水中的鱼、贝、海生动物窒息死亡。

三、影响人类健康

实验室废弃物可通过摄入、吸入、皮肤吸收、眼接触等途径侵入人体，毒害人体的各种器官组织，引起各种疾病；实验室废弃物若收集、储存、处置不当，还可能引起燃烧、爆炸等危险性事件，造成人体伤害。例如，实验室泄漏或挥发的刺激性有毒气体，如常见的氯气、氨气、二氧化硫、三氧化硫及氮氧化物等，对人的眼睛和呼吸道黏膜有刺激作用。

此外，重复接触实验室废弃物，还可能导致长期危害，包括长期中毒、致癌、致畸、致突变等。例如，含重金属的实验室废弃物，释放到水体和土壤中，人畜长期饮食被污染的水体和富集重金属的食物，会造成精神损伤、器脏癌变，甚至死亡。表 8-1 总结了一些危险废弃物对健康的危害。

表 8-1 危险废弃物对健康的危害

废物类型	危害神经系统	危害肠胃系统	危害神经病学系统	危害呼吸系统	损伤皮肤	死亡
农药废物	H		H	H		H
溴代甲烷			H			
卤代有机苯氢基除草剂						H
2，4-D	H					
有机磷农药	H			H	H	H
有机氯除草剂		H				
磷化铝		H				
多氯联苯					H	

续表

废物类型	危害 神经系统	危害 肠胃系统	危害 神经病学系统	危害 呼吸系统	损伤 皮肤	死亡
氰化物废物	H	H	H			
锌、铜、硒、铬、镍		H	H	H		
砷		H		H	H	
有机铅化物	H	H	H			
汞	H	H	H			H
镉	H	H	H			
卤代有机物				H		H
非卤化挥发有机物				H	H	

注：H 代表有毒。

四、制约可持续发展

实验室废弃物不处理或不规范处理处置所带来的大气、水源、土壤等污染也将会成为制约经济活动的瓶颈。

第二节 化学实验废弃物的分类

国家危险废物名录(2021 年版)中将具有以下情形之一的固体废物(包括液态废物)列为危险废物：①具有毒性、腐蚀性、易燃性、反应性或者感染性一种或者几种危险特性的；②不排除具有危险特性，可能对生态环境或者人体健康造成有害影响，需要按照危险废物进行管理的。

一、按物理形态分类

化学实验废弃物按物理形态可分为废气、废液和废渣，简称“三废”。

废气，又称气态废弃物，主要指试剂和样品的挥发物、使用仪器分

札记

析样品时产生的废气、实验过程中产生的有毒有害气体、泄漏和排空的标准气和载气等。例如：酸雾、甲醛、苯系物、各种有机溶剂、汞蒸气、光气等。

废液，又称液态废弃物，主要指多余的样品、实验后的余液、标准曲线及样品分析残液、失效的储存液和洗液、实验容器洗涤液等。例如：含重金属、氰、氟、酸或碱等物质的无机废液；油脂类、有机溶剂类等有机废液。

废渣，又称固态废弃物，主要指多余样品、合成与分析产物、过期或失效的化学试剂、消耗或破损的实验用品(如玻璃器皿、纱布)等。

二、按危险特性分类

化学实验废弃物一般不包含感染性废弃物(即能传播感染性疾病的废物)，因此，化学实验废弃物按危险特性可分为毒性废弃物、腐蚀性废弃物、易燃性废弃物、反应性废弃物。

毒性废弃物：包括含汞、铅、镉、铬、铜、锌、砷、氰的化合物，石棉，有机氯溶剂等。

腐蚀性废弃物：包括对生物接触部位的细胞组织产生损害，或对装载容器产生明显腐蚀作用的废弃物；含水废物，或本身不含水但加入定量水后其浸出液的 pH≥12.5 或 pH≤2 的废弃物；最低温度为 55℃ 以下时，对钢制品每年的腐蚀深度大于 0.64cm 的废弃物。

易燃性废弃物：包括燃点低于 60℃，靠摩擦或吸湿和自发的变化而具有着火倾向的固体废弃物；着火时燃烧剧烈而持续，以及在管理期间会引起燃烧危险的废弃物。

反应性废弃物：易于发生爆炸或剧烈反应，或反应时会挥发有毒的气体或烟雾的废弃物，包括强酸、强碱、强氧化剂、强还原剂等。

第三节　化学实验废弃物的管理

一、化学实验废弃物的收集

收集实验危险废物时，应根据其产生源特性、国家标准《危险废物鉴别标准》(GB5085.1—2007~GB5085.7—2007)以及环境保护标准《危

险废物鉴别技术规范》(HJ 298—2019)进行鉴别，按腐蚀性、毒性、易
燃性、反应性和感染性等危险特性进行分类、收集、包装，并设置相应
的标志及标签。

（一）实验室常见废弃物的收集方法

1. 一般垃圾

一般垃圾包括纸巾、软塑料包装、泡沫等。没有沾染化学品的一般
垃圾可使用黑色垃圾袋装，投放至校园垃圾站。如图 8-1 所示。

图 8-1　化学实验室一般垃圾的收集包装

2. 硬塑料制品

硬塑料制品包括塑料注射器、离心管、移液枪头、塑料滴管、滤器
以及沾有化学品的手套等。此类实验废弃物应收集在具有"生物危害"
标识的黄色垃圾袋（图 8-2）中，用胶带封好，并在废弃物标签上注明
"实验塑料"，存放在废弃物暂存柜或废液室内。

图 8-2　化学实验室硬塑料制品的收集包装

3. 针头类

针头类废弃物一般指注射器针头、刀片等锐利物品，此类废弃物可引起刺伤，因此需收集在具有"生物危害"标识的硬质利器盒（图 8-3）内，废弃物标签上注明"针头"，存放在废弃物暂存柜或废液室内。

图 8-3　化学实验室常用的利器盒

4. 玻璃类

化学实验室常常使用到玻璃器皿，破碎的玻璃器皿可能会割伤皮肤，因此此类废弃物应收集在厚实的纸箱或硬质塑料箱内，并用胶带封口；废弃物标签上注明"碎玻璃"，存放在废弃物暂存柜或废液室内。

5. 实验试剂空瓶

废弃试剂空瓶应用纸箱或包装袋整齐装好，包装外张贴分类标签，然后将纸箱或包装袋置于塑料卡板箱中，塑料卡板箱带盖封装严实。卡板箱外的废弃物标签上注明"空瓶"，存放在废弃物暂存柜或废液室内。需注意：试剂空瓶中不得含有固体或液体化学品。

6. 废弃的固体

废弃的固体粉末一般属于无机固体废弃物，如硅胶、活性炭、树脂等中性稳定颗粒。此类废弃物需按同一类别性质置于广口塑料圆桶中，带盖密封，塑料桶外张贴分类标签，最后将密封好的塑料桶置于塑料卡板箱中，塑料卡板箱带盖封装严实。卡板箱外的废弃物标签上注明"无机固体废弃物"，存放在废弃物暂存柜或废液室内。

石棉或含石棉的实验室废弃物应淋湿后装入防漏的密封容器，容器上应作醒目标示"小心，含有石棉，严禁开启或损坏容器，吸入石棉有害健康"。存放在废弃物暂存柜或废液室内。

7. 实验室废液

实验室各类废液按其理化性质进行分类收集，装入与废弃物本身不发生反应的容器中，废液面与桶口间距必须保留至少 10 厘米空间以防溢出，内外盖子盖紧，以确保容器内的液体废弃物在正常的处理、存放及运输时，不因温度或其他物理状况转变而膨胀，造成容器泄漏或永久变形。收集完成后，存放在废弃物暂存柜或废液室内。

其中，无机废液包含酸性溶液、碱性溶液、含氟溶液、含汞溶液、重金属溶液和其他无机盐溶液等；废弃物标签上注明"无机废液"，并按要求记录主要成分，若含有重金属，需单独标出。有机废液包括油脂类废液、含卤素有机废液、含氰有机废液以及其他有机废液等；废弃物标签上注明"有机废液"，并按要求记录主要成分，含卤素和氰元素的危废需标出。

8. 未知废液或未知瓶装试剂药品

未知废液或未知瓶装试剂药品应单独包装，按照高危化学品的管理规定执行管理流程。

(二) 盛装危险废弃物的容器的要求

1. 材质要求

收集实验室危险废物的容器的材质必须与废弃物本身不发生反应（即相容原则）。包装物必须坚固不易碎，防渗性能良好，并且不会因温度、湿度的变化而显著软化、脆化或增加其渗透性。

2. 密闭性要求

收集实验室危险废物的容器必须是密闭型的，能够妥善盖好或密封，保证危险废物不会渗漏。

3. 完好性要求

收集实验室危险废物的容器必须完好无损，保持良好状况，没有腐蚀、污染、损毁、严重生锈、泄漏或其他能导致其盛装效能减弱的缺陷。

4. 表面清洁要求

容器表面应保持清洁，不应粘附任何危险废物。

5. 必须贴标签

收集实验室危险废物的容器必须贴有危险废物标签，内容包括"危险废弃物"字样、危险废物的名称、主要成分、危险类别、危险情况、安全防护措施、危废产生单位、地址、人员姓名及联系电话、危险废物的贮存日期等信息。

6. 废物相容原则

同一性质或类别的相容废物可以收集在同一容器内，能够发生反应的不同废物不能装在同一容器或同一包装物内。即同一包装容器、包装袋不能同时装盛两种以上的不同性质或类别的危险废物；不相容废物应该分别收集在不同的废物容器内。实验室废液相容表见图8-4。

7. 多次盛装废物

盛装过危险废物的空容器经妥善清洗后，可用来盛装与原来盛装物的性质类似的危险废物，如盛装过盐酸的空塑料桶可用来盛装其他废酸。

但危险废物的收集容器只能收集危险废物，不可转作他用。用作收集存放另一种危险废物前必须经过消除污染处理并检查认定无误后方可盛装使用。

8. 容器的存放

收集实验室危险废物的容器应存放在符合安全和环保要求的专用的危险废物贮存室或室内特定区域；应避免高温、日晒、雨淋，远离火源、热源和生活垃圾。不相容废物(能够发生反应的废物)的收集容器不可混合在一起存放。

9. 包装物类型选择

(1)液体、半固体的危险废物必须用包装容器进行装盛。

(2)收集液态危险废物的容器宜用盖顶不可掀开/密封的带有液体灌注孔的容器(桶或罐)装盛。塑胶桶罐或钢制桶罐是常见的包装容器。

(3)固态危险废物可用包装容器或包装袋进行装盛收集。

(4)烟尘、粉尘等易扬散的危险废物应用密封的塑料袋或带盖的容器进行包装，并采取适当的防扬散的措施。

二、化学实验废弃物的处理

实验室危险废弃物的处理方式一般包括实验室预处理和回收、委托危废处置机构处理两种方式。

札记

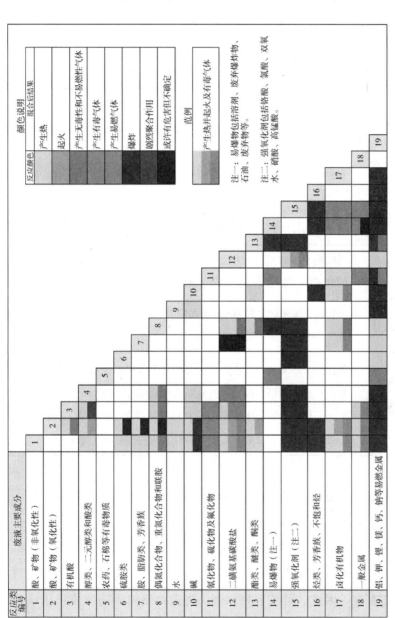

图8-4 实验室废液相容表

（一）实验室预处理和回收

1. 实验室常见废液的预处理和回收

实验室常见废液的预处理和回收方法主要包括回收再利用、稀释法、中和法、氧化法、还原法。如表 8-2 所示。

表 8-2　　　　　　常见的实验室废液预处理和回收方法

回收再利用	有机废液可以采用蒸馏法进行回收，在满足要求的前提下可重复使用 一些贵重金属可以采用沉淀法、结晶法、吸附法、离子交换法等方法进行回收 实验中的冷却水可以冷却后重新使用
稀释法	某些重金属盐、可溶于水的易燃有机溶剂等，可以做适当稀释后排入下水道，具体要求按《污水综合排放标准》(CB 8978—2002) 执行
中和法	强酸类和强碱类实验室废弃物可中和到中性后直接排放；若中和后的废液中含有其他有害物质，则需做进一步处理
氧化法	硫化物、氰化物、醛类、硫醇和酚类等化合物，可以被氧化为低毒和低臭化合物，深度氧化往往可以氧化成 CO_2 和水，而后可直接排放
还原法	氧化物、过氧化物、许多有机药品和重金属溶液可以被还原成低毒物质；含六价铬的废液可以被酸性亚硫酸盐、硫酸亚铁等还原剂还原为三价铬；废液中的汞、铅和银被还原后，可以沉淀过滤出来。将处理后的浓缩液收集后装入容器，送到指定地点处理

下面对实验室常见废液的预处理方法进行介绍。

（1）含六价铬离子的废液

● 处理方法——还原、中和法

无论在酸性条件还是碱性条件下，六价铬离子总以稳定的铬酸根离子状态存在。因此，可按下列原理，将六价铬离子还原成三价铬离子后，再进行中和，生成难溶性的 $Cr(OH)_3$ 沉淀而除去。

$$4H_2CrO_4 + 6NaHSO_3 + 3H_2SO_4 = 2Cr_2(SO_4)_3 + 3Na_2SO_4 + 10H_2O \quad (8-1)$$

$$Cr_2(SO_4)_3 + 6NaOH = 2Cr(OH)3 \downarrow + 3Na_2SO_4 \quad (8-2)$$

公式(8-1)进行还原反应，若 pH 值在 3 以下，反应在短时间内即进行结束。

公式(8-2)进行中和反应，若 pH 值在 7.5~8.5 范围内进行，则三价铬离子即以 $Cr(OH)_3$ 形成沉淀析出。

操作步骤如下：

a. 在废液中加入浓硫酸，充分搅拌，调整溶液 pH 值在 3 以下。若是铬酸混合液废液，本身已是酸性环境，则不必调整 pH 值。

b. 分次少量加入亚硫酸氢钠晶体，边加入边搅拌，直至溶液由黄色变成绿色为止。

c. 废液中除铬以外，若还含有其他金属时，确保六价铬离子全部转化后，再做含重金属的溶液处理。

d. 若废液只含有铬重金属时，加入浓度为 5% 的 NaOH 溶液，调节 pH 值至 7.5~8.5 之间，放置一夜，将沉淀滤出，并妥善保存。如果滤液为黄色，要再次进行还原处理。确定滤液内不含铬后，才能进行后续处置。

● 注意事项

a. 要戴防护镜、防护手套，并在通风橱内进行。

b. 将六价铬离子还原成三价铬离子后，也可以同其他重金属废液一同处理。

c. 铬酸混合液系强酸性物质，故要把它稀释到约 1% 的浓度之后，再进行还原，并且，待全部溶液被还原变成绿色时，查明确实不含六价铬离子后，才能进行后续处置。

(2) 含汞废液的处理

● 处理方法——硫化物沉淀法

用硫化钠或硫氢化钠，将 Hg^{2+} 离子转化为难溶于水的硫化汞，然后与氢氧化铁共沉淀，经过滤之后，分离除去。

操作步骤：

a. 在废汞溶液中加入 Hg^{2+} 等化学计量比的 $Na_2S \cdot 9H_2O$ 以及共沉淀剂 $FeSO_4$（10×10^{-6} mol/L），充分搅拌，并使废液的 pH 值保持在 6~8 之间。

b. 静置过夜，过滤沉淀，妥善保管好滤渣。

c. 滤液可用活性炭吸附或离子交换等方法进一步处理，在处理后的废液中，确实检验不出汞之后，废液才能进行排放或进行后续处置。

● 注意事项

a. 凡含烷基汞之类的有机汞废液，首先要把它分解成为无机汞，然后再进行处理。

b. 废液 pH 值需保持在 6~8 之间。若 pH 值在 10 以上，硫化汞即形成胶体。此时，即使使用过滤的方法也较难除去。

c. $Na_2S \cdot 9H_2O$ 不可过量加入，若过量加入，则易生成硫化汞络合物，而沉淀又易发生溶解。

(3) 含重金属的废液

将重金属离子转换成为难溶于水的氢氧化物或硫化物等盐类，然后进行共沉淀而除去。

● 处理方法——氢氧化物共沉淀法

此方法可使 Zn、Fe、As、Sn、Ni、Mn、Cr^{3+}、Sb、Ag、Pb、Bi 等及其他许多重金属生成氢氧化物而除去。沉淀剂可使用 $FeCl_3$、$Fe_2(SO_4)_3$、$Al_2(SO_4)_3$ 或 $ZnCl_2$ 等物质。

操作步骤：

a. 在废液中注入沉淀剂后，充分搅拌。

b. 将 $Ca(OH)_2$ 制成乳状后，再加入上述废液中，调节 pH 值在 9~11 之间。若 pH 值过高，沉淀便会溶解。

c. 静置过夜，过滤沉淀物。滤液中经检查确实无重金属离子后，即可进行排放或进行后续处置。

● 处理方法——硫化物共沉淀法

操作步骤：

a. 用水将重金属废液的浓度稀释到 1% 以下。

b. 加入 Na_2S 溶液后，进行充分搅拌。

c. 加入 NaOH 溶液，调节 pH 值到 8 以上。

d. 静置过夜，过滤溶液，检测滤液，确认滤液中不含重金属。

e. 检查滤液中是否含 S^{2+} 离子，若含，使用双氧水氧化。中和后即可排放或进行后续处置。

● 注意事项

a. 含有机物、铬离子及螯合物的废液，要先将其分解除去，再进行处理。

b. 含氰化物时，要预先进行处理。

c. 在废液中，含有两种以上重金属时，因处理的最佳 pH 值各不相同，须加以注意。

（4）含钡的废液

处理含钡废液，只要在废液中加入 Na_2SO_4 溶液，生成沉淀后过滤，检测无残留后即可进行排放或进行后续处置。

（5）含酸、碱、盐类物质废液

• 操作步骤：

a. 分次少量将其中一种废液注入到另一种废液中去。

b. 用 pH 试纸进行检验，使废液的 pH 值等于 7 为止。

c. 用水将溶液稀释，使浓度降到 5% 以下，即可进行排放或进行后续处置。

• 注意事项：

a. 原则上应将酸、碱、盐类废液分别进行收集。但如果没有任何妨碍，也可将它们互相中和，或用于处理其他废液。

b. 对含重金属及氟的废液，要另外收集处理。

c. 对一般的稀溶液，只要用大量的水将它们稀释到 1% 以下，即可进行排放或进行后续处置。

2. 实验室废气的处理

实验室产生的少量废气一般通过通风装置直接排至室外。氯化氢、硫化氢等酸性气体应使用碱液吸收，如浓度很低则可以通过抽风设备排放到室外。毒性大的气体可以参考工业废气处理办法，用吸附、吸收、氧化、分解等方法处理后排放，排放标准应符合《恶臭污染物排放标准》（GB 14554—93）和《大气污染物综合排放标准》（GB 16297—1996）的相关要求。

3. 特殊实验室废弃物的处理

（1）放射性实验室废弃物的处置取决于放射水平、废弃物种类、同位素的放射性质。低浓度的实验室放射性废弃物可以用水和足够的惰性材料将其稀释到允许的浓度后进行排放。高浓度的放射性实验室废弃物沉淀后，过滤收集，进一步处理。

（2）含多氯联苯实验室废弃物处理参照《含多氯联苯废物污染控制标准》（GB 13015—2017）执行。

4. 危险废弃物预处理注意事项

(1)由于废液的组成不同，在处理过程中，可能会产生有毒气体以及放热、爆炸等危险。因此，工作人员在处理之前，必须充分了解废液的来源、性质和组成，并对可能产生的有毒气体、发热、喷溅及爆炸等危险有所警惕。加入所需药品时应少量多次，须边操作边观察。

(2)处理实验室废弃物应尽量选用无害或易于处理的药品，防止二次污染。如用漂白粉处理含氰废水，用生石灰处理某些酸液等；应尽量采用"以废治废"的方法，如利用废酸液处理废碱液，利用废铬酸混合液分解有机物等。

(3)分离实验中产生的废渣，沾附有有害物质的滤纸、包药纸、废活性炭及塑料容器等，不可直接丢入垃圾箱内，应分类收集，单独处理。

(4)对甲醇、乙醇、丙酮及苯等用量极大的液剂，原则上要将它们回收利用，而后将其残渣加以处理。

(5)过期的实验药品应请厂商回收，不得并入废液处理。

(6)处理实验室废弃物时，应对处理人、处理数量、处理方式、处理时间等相关信息进行详细记录。

(二)委托危废处置机构

按照法规要求，不能自行处理以及预处理后仍具有危害性的危险废弃物，必须交由有资质的第三方机构进行处理处置，第三方机构危废处理方法主要有：物理处理法、化学处理法、生物处理法、固化/稳定化处理法、热处置等。另外，各地环保部门有专门的危险废物动态管理系统，产废单位应在该系统上提交危险废物管理计划，定期申报危险废物的种类、产生量、流向、贮存、处置等有关信息，后续的委托处置流程也需要在系统中进行，做到处置全流程受到环保管理部门的监督。

三、化学实验废弃物的贮存

危险废物贮存可分为产生单位内部贮存、中转贮存及集中性贮存。所对应的贮存设施分别为：产废单位用于暂时贮存的设施；拥有危险废物收集经营许可证的单位用于临时贮存废矿物油、废镍镉电池的设施；以及危险废物处置经营单位所配置的贮存设施。

实验室内暂时不利用或者不能利用的危险废物，应贮存在实验室废
弃物暂存柜中，如图 8-5 所示。

图 8-5　实验室废弃物暂存柜

（一）危险废物贮存设施应满足的要求

1. 危险废物贮存设施的选址、设计、建设、运行管理应满足《危险废物贮存污染控制标准》（GB18597—2001）及《危险废物收集、贮存、运输技术规范》（HJ 2025—2012）中的具体要求。

2. 应配备通信设备、照明设施和消防设施；具有防扬散、防流失、防渗漏等保护措施；能保护废弃物抵御自然外力及人为因素的破坏。

3. 贮存易燃易爆危险废物应配置有机气体报警、火灾报警装置和导出静电的接地装置。

4. 贮存设施应根据贮存的废物种类和特性按照《危险废物贮存污染控制标准》（GB18597—2001）附录 A 设置标志，包括信息公开栏、固定式贮存设施警示标志牌、包装识别标签等。

（二）贮存危险废物时需要注意的事项

1. 实验室废弃物需要分类贮存，不相容的废弃物不得混合收集、贮存。

2. 禁止将危险废物混入非危险废物中贮存。

3. 实验室废弃物容器上应加贴危废标签。

4. 贮存容器应保持良好情况，充分考虑与所盛装危险废弃物的相容性，液体废弃物还须考虑防泄漏措施，如二次容器、防渗漏托盘等。

如图 8-6 所示。

图 8-6 实验室废弃物防渗漏托盘

5. 建立完善危险废弃物管理台账，对废弃物的种类、数量、贮存时间、转交人等相关信息进行详细记录。

6. 特殊实验室废弃物，如高温易爆或易腐败的实验室废弃物，应在低温下贮存。

7. 保持通风良好，不得有散逸、渗出、污染地面或散发恶臭等情形。

8. 贮存容器应保持良好情况，如有严重生锈、损毁或泄漏应立即更换。

9. 实验室废弃物的贮存应有专人负责，定期检查。

第九章　化学实验室应急设施及事故处理

前几章讲述了化学实验室安全基础知识以及如何在实验室内做好防护、避免事故发生。因此，在日常工作学习中，我们应熟悉实验室的应急设施，掌握事故的应急处理办法和受伤后的急救知识，如此可在事故发生时，将人身、财产损失降到最低，可在危急时刻为伤者赢得宝贵的时间。这一章将着重介绍化学实验室的应急设施以及紧急事故的处理方法。

札记

第一节 化学实验室应急设施

进入化学实验室工作前，应做好充分的准备工作，了解有关安全事项，检查安全应急设施是否完备。化学实验室的应急设施一般包括化学品安全技术说明书(SDS)、化学品泄漏应急处理用品、急救药箱、洗眼器及紧急喷淋装置、逃生自呼吸器、消防设施等。

使用化学品前，应确保已详读化学品安全技术说明书(或危险化学品安全周知卡)，了解化学品基本性质和危险特性，此部分内容已在第四章第二节中进行详细介绍，本章不再赘述。

实验室消防设施一般包括灭火器、消火栓、灭火毯、消防沙等，该部分内容已在第二章第五节中进行介绍，本章不再赘述。

一、化学品泄漏应急处理用品

化学品泄漏吸附用品主要包括化学品吸附耗材(吸附棉片、吸附棉枕、吸附棉条等)、回收装置(防化垃圾袋、应急处理桶等)、防护用具(防化手套、眼罩等)以及相应的警示标示等，如图9-1所示。围堵吸附棉条来阻止泄漏物的扩散，吸附棉片和吸附棉枕用于吸收泄漏的化学品，回收装置用于回收使用过的吸附材料，回收装置外需贴上警示标签。

二、急救药箱

实验室急救药箱是针对实验室潜在安全风险配置的急救药品，包括消毒清创、止血包扎及辅助用品、急救防护、诊断治疗用品和应急工具等。一般分为生物医学类急救药箱、机械电子类急救药箱、化学类急救药箱等，可根据实验室类型选择合适的急救药箱，图9-2为化学类实验室急救药箱。

札记

图 9-1　化学品泄漏吸附用品

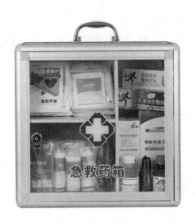

图 9-2　化学类实验室急救药箱

常见的化学类实验室急救药箱配置物品如表 9-1 所示。

表 9-1　　　　　　　　常见急救药箱(化学类)的配置清单

消毒清创	碘伏消毒液(棉棒)、酒精棉片、清洁湿巾、医用脱脂棉球、过氧化氢消毒液
止血包扎	卡扣式止血带、防水创口贴、无菌敷贴(小号)、医用纱布叠片(小号)、弹力绷带、三角绷带、眼垫
包扎辅助	医用透气胶带、安全别针、敷料镊子、圆头剪刀
急救防护	急救毯、人工呼吸面罩、一次性使用医用橡胶检查手套
诊断治疗	医用冰袋、医用烧伤敷料(烫伤膏)、硼酸溶液、碳酸氢钠溶液、洗眼液、体温计

三、洗眼器和紧急喷淋装置

紧急喷淋装置和洗眼器是化学实验室标配的防护器具,当眼睛和身体受到化学危险品伤害时,可先用洗眼器或紧急喷淋装置对眼睛或身体进行紧急冲洗,必要时尽快到医院治疗。

(一)洗眼器

洗眼器可用于眼部、面部紧急冲洗。使用时,握住洗眼器手推阀拉起洗眼器,打开洗眼器防尘盖,用手轻推手推阀,清洁水会自动从洗眼喷头喷出来。用后须将手推阀复位并将防尘盖复位。

洗眼器安装位置应张贴醒目的标识牌,使实验人员进入实验室便可准确定位到洗眼器的位置。如图 9-3 所示。

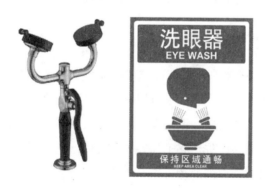

图 9-3　台式移动双口洗眼器(左)和洗眼器标识牌(右)

(二)紧急喷淋装置

紧急喷淋装置既有洗眼系统,又有喷淋系统,即可用于眼部、面部紧急冲洗,也可用于全身淋洗,其中洗眼器的使用方式与上文介绍的洗眼器相同。使用喷淋器时,要站在喷头下方,拉下阀门拉手,清洁水会自动从喷头喷出。喷淋之后立即上推阀门拉手使水关闭。

紧急喷淋装置安装位置也应张贴醒目的标识牌,使实验人员可快速定位到紧急喷淋装置的位置。实验室紧急喷淋装置及其标识牌如图 9-4 所示。

需要注意的是:洗眼器和紧急喷淋装置都是应急装置,因此要时刻

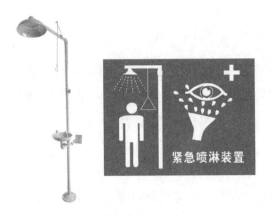

图 9-4　紧急喷淋装置(左)及其标识牌(右)

保持周围无障碍物，方便拿取和喷淋；洗眼器和紧急洗眼喷淋装置用于紧急情况下暂时缓解有害物质对眼睛和身体的进一步侵害，不能代替医学治疗，冲洗后情况较严重时必须尽快到医院进行治疗。

四、逃生自呼吸器

逃生自呼吸器统称呼吸器、空气呼吸器，是用来防御缺氧环境或空气中有毒有害物质进入人体呼吸道的保护用具，能有效地滤除火灾中产生的一氧化碳、二氧化碳、氰化氢、丙烯醛、烟雾以及砷化氢、苯、溴化氢、双光气、路易氏气、芥子气等有毒气体。逃生呼吸装置配有一个能遮盖头部、颈部、肩部的防火焰头罩，头罩上有一个清晰、宽阔、明亮的观察视窗。如图 9-5 所示。

图 9-5　逃生自呼吸器佩戴图

需要注意的是：逃生自呼吸器应存放于显目、易取、通风、干燥、温度适宜的位置；备用状态时，不准随意搬动、敲击、拆装等；呼吸器仅供一次性使用，不能用于工作保护。

札记

第二节　化学实验室紧急事故处理方法

一、火灾事故处置方法

（1）实验室发生火灾，实验人员应切断电源、气源，并迅速报告。

（2）确定火灾发生位置，并判明起火原因，何种物品着火，如压缩气体、液化气体、易燃液体、易燃物品、自燃物品等。

（3）查看周围环境，判断是否有重大危险源分布，是否会诱发次生灾难。

（4）转移一切易燃易爆物品，关闭通风装置，减少空气流动，防止事故蔓延或扩大。

（5）正确选用消防器材进行扑救。

（6）根据实际情况，对事故现场周边区域进行隔离和疏导。

（7）一旦确认火情不可控制后，应立即拨打"119"报警求救，详细讲明火灾地点、联系电话、着火楼层、燃烧物质等情况，并到明显位置引导消防车。

（8）若现场人员衣服着火，可就地翻滚，用水、毯子、被褥等物覆盖灭火，伤处的衣物应剪开脱去，不可强行撕拉，伤处用消毒纱布覆盖后，立即送往医院就医。

二、爆炸事故处置方法

（1）实验室发生爆炸事故时，实验室安全员在保证安全的前提下必须及时切断电源，关闭管道阀门和水龙头，并迅速清理现场，移走易燃易爆和有毒物质，以防引发其他着火、中毒等事故。

（2）将受伤人员撤离现场，送往医院急救。

（3）所有人员应听从指挥，按秩序通过安全出口或用其他方法迅速撤离现场。

（4）若爆炸引发其他事故，则按相应办法处理。

（5）不可控情况下，拨打"119"报警求救。

三、触电事故处置方法

触电急救的要点是抢救迅速，救护得法，切不可惊慌失措，束手无策。

（1）脱离电源。救护人员应设法迅速切断电源，如拉开电源开关、刀闸，拔除电源插头等；将电源断开后，使用绝缘工具、干燥的木棒、木板、绝缘绳子等绝缘材料解脱触电者。如图9-6所示。

图9-6　使用绝缘工具解脱触电者

触电者未脱离带电体前，救护人员不得用手直接接触触电者。救护人员在抢救过程中应保持自身与周围带电部分必要的安全距离，保证自己免受电击。

（2）把触电者转移到空气清新处解开衣服，让触电者平直仰卧，并用软衣服垫在身下，使其头部比肩稍低，以免妨碍呼吸，如天气寒冷要注意保温。

（3）现场急救。①若触电者伤势不重，应使触电者安静休息，不要走动，严密观察并请医生前来诊治或送往医院。②触电者失去知觉，但心脏跳动和呼吸还存在，应使触电者舒适、安静地平卧，周围不要围人，使空气流通，解开触电者的衣服以利于呼吸。同时，迅速拨打120请医生救治或送往医院。③若发现触电者呼吸困难、稀少，发生痉挛，或者呼吸及心脏停止，应立即施行人工呼吸和胸外挤压(如图9-7)，并拨打120请医生诊治或送往医院。在送往医院途中，不能终止急救。

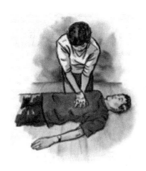

图9-7　胸外按压(左)和人工呼吸(右)急救方法示意图

四、淹水事故处置方法

(1)实验室发生漏水、浸水事故时，应先立即关闭电闸和水阀。

(2)进入实验室前，应穿戴好绝缘手套和绝缘胶鞋，并佩戴好防护用品。

(3)进入实验室后，查看水势和水位；转移遇水反应的化学品和接触水的用电器等。

(4)疏通排水地漏和管道，将积水排泄干净，并组织人员清理现场。

(5)打开电闸，开启空调和除湿机，保持通风，等待实验室各处彻底干燥后方可进行实验。

五、外伤事故处置方法

化学实验室可能出现的外伤包括烫伤、割伤、化学品灼伤等。出现外伤事故时，应根据具体情况，采取相应的急救措施。

1. 烫伤

发生烫伤时，应立即用大量水冲洗和浸泡受伤部位。若皮肤未破，可涂擦饱和碳酸氢钠溶液或用碳酸氢钠粉末调成糊状敷于伤处，也可涂抹獾子油、烫伤膏等；若起水泡不可挑破，包上纱布后就医；如皮肤已破，可涂抹紫药水或1%高锰酸钾溶液，包上纱布后就医。

2. 割伤

在实验过程中，如发生被锐器损伤的情况，应立即用肥皂和清水冲洗伤口，挤出伤口的血液，再用消毒液（酒精、碘伏等）消毒，最后处理、包扎伤口。

若伤口较大、较深，流血较多，需手指或纱布直接压迫损伤部位进行止血，并尽快前往医院请医生做进一步处理。

由玻璃碎片造成的外伤，必须先除去碎片。若不除去，当压迫止血时，会把碎片压深。

3. 化学品灼伤

实验过程中若不慎将化学品溅洒到皮肤或衣物上时，应迅速脱去或剪去被污染的衣物，根据化学品性质，依据情况选择下一步处理方法，严重者尽快就医。表 9-2 中列出了化学实验室常见化学品灼伤皮肤的处理方法。

表 9-2　　　　　　化学实验室常见化学品灼伤皮肤的处理方法

毒害品	急救措施
酸	用干布擦拭酸液后，再用大量流动水冲洗至少 20 分钟，最后用碳酸氢钠稀溶液冲洗
碱	用大量流动水冲洗至少 20 分钟，再用 1%~2% 醋酸或 3% 硼酸溶液冲洗
苯酚	立即用大量流动水冲洗创面 20 分钟以上，再用 50%~70% 酒精反复擦拭创面，然后再用清水冲洗至无酚味为止，最后用饱和硫酸钠溶液湿敷
黄磷	立即用清水或 5% 硫酸铜溶液或 3% 过氧化氢溶液冲洗，再用 5% 碳酸氢钠溶液冲洗，中和形成的磷酸，然后用 1：5000 高锰酸钾溶液或 2% 硫酸铜溶液湿敷
溴	用干布立即擦去，再用稀酒精擦拭至灼伤处为白色，然后清水冲洗后，涂抹硼酸、凡士林。或用 2% 硫代硫酸钠溶液冲洗至伤处呈白色，再用大量水冲洗干净，包上纱布就诊
氢氟酸	用大量流动水彻底冲洗后，再用肥皂水或 5% 的碳酸氢钠溶液冲洗，然后用葡萄糖酸钙软膏涂敷按摩，最后用甘油和氧化镁（配比为 2：1）糊剂涂敷，也可涂维生素 AD 或可的松软膏
生石灰	先用手绢、毛巾揩净皮肤上的生石灰颗粒，再用大量清水冲洗。切忌先用水洗，因为生石灰遇水会发生化学反应，产生大量热量灼伤皮肤

当化学品溅入眼内时，切不可用手揉搓，应立即提起眼睑，使用大量清水或生理盐水反复冲洗，时间不少于20分钟。若是碱性试剂，需再用饱和硼酸溶液或1%醋酸溶液冲洗；若是酸性试剂，需先用碳酸氢钠稀溶液冲洗，再滴入少许蓖麻油。眼睛受到溴蒸气刺激不能睁开时，可对着盛酒精的瓶内停留片刻。冲洗时，水不要流经未伤的眼睛，不可直接冲洗眼球。切不可因疼痛而紧闭眼睛。冲洗后，尽快前往医院治疗。

六、中毒事故处置方法

实验室化学品中毒的主要途径是不慎吸入或误食。化学品中毒后，可能出现咽喉灼痛、嘴唇脱色或发绀、腹部痉挛或恶心呕吐等症状。应先将中毒者转移至安全地带，解开领扣，使其呼吸畅通，尽可能了解导致中毒的物质，视中毒原因施以下述急救措施后(表9-3)，或立即送往医院救治，不得延误。

表9-3　　　　　　　　化学实验室常见化学品中毒的处理方法

毒害物	急救措施
有毒气体	打开窗户通风，并疏导实验室人员撤离现场。将中毒者转移至空气清新且流通的地方，解开领口，进行人工呼吸，嗅闻解毒剂蒸气并输氧 气管痉挛者应酌情给解痉挛药物雾化吸入 硫化氢中毒者禁止口对口人工呼吸
酸	立即口服3%~4%的氢氧化铝凝胶、生鸡蛋清、牛奶、豆浆、植物油等，以保护食管及胃黏膜。禁止催吐，禁服小苏打(因为产生二氧化碳气体可增加胃穿孔的危险)
碱	立即服用柠檬汁、橘汁或1%的硫酸铜溶液以引起呕吐；生物碱中毒，可灌入活性炭水溶液以催吐
酚	口服植物油15~30 mL，催吐，后温水洗胃至呕吐物无酚气味为止，再给硫酸钠15~30mL。消化道已有严重腐蚀时勿进行上述处理

札记 续表

毒害物	急救措施
苯	口服中毒者，服用活性炭或者碳酸氢钠溶液洗胃，然后进行导泻以及催吐；吸入中毒者，对吸入者进行人工呼吸、吸氧
磷化物	首先用 0.2%硫酸铜溶液或 0.5%高锰酸钾液反复洗胃，直至洗出液无大蒜臭味，然后用 50%硫酸钠 40mL 或 50%硫酸镁 40mL 导泻。可注入 100~200mL 液状石蜡以延缓磷的吸收。严禁食用牛奶、脂肪，亦不用蓖麻油
氰化物	用 1:2000 高锰酸钾、5%硫代硫酸钠或 1%~3%过氧化氢催吐、洗胃。口服拮抗剂，保持体温，尽快给氧，镇惊止痉，给呼吸兴奋剂以及在必要时保持人工呼吸直至呼吸恢复，同时进行静脉输液，维持血压等对症治疗。一旦确诊应该尽快服用特效解毒药。特效解药包括硫代硫酸钠、亚硝酸盐、美蓝、含钴化合物
氟化物	早期服用 2%氧化钙催吐，洗胃导泻
汞化合物	急性中毒早期时用饱和碳酸氢钠溶液洗胃，或立即饮用浓茶、牛奶、鸡蛋清，喝麻油。立即送医院救治
砷化合物	使用氢氧化铁剂催吐，然后使用生理盐水或者 1%的碳酸氢钠溶液进行洗胃，最后口服适量活性炭和氧化镁进行残留毒物吸附以及导泄
钡化合物	使用炭粉和 25%硫酸钠溶液洗胃

七、化学品泄漏突发事件的处置方法

(一)泄漏来源确定及危险性判断

寻找泄漏来源，并判断泄漏现场物质的类别，处理操作前先检查所处理的有害物料或泄漏处理物的化学品标签及相应的 SDS。确保在操作前确知处理物品潜在的危险性，包括可燃性、爆炸性、反应性和毒性。选择相应类型的泄漏应急处理用品。

(二)防护措施

在泄漏处理现场，应佩戴必要的个人防护装备(包括防护服、呼吸器、手套、眼镜等），若无法判断源头泄漏物质，需考虑最严重后果出现的可能性。以便安全地对泄漏中的有害物料进行及时有效的专业处理。

（三）阻止并控制泄漏

控制泄漏发展，关阀或限阀，或采取适宜的堵漏措施。

（四）清理

使用泄漏应急处理用品中的吸附材料吸收泄漏液体：快速取出吸附棉条，依次相连将泄漏的化学品围阻住，以防进一步扩散污染大面积环境；取出吸附棉片，置于被棉条围住的化学品表面，依靠吸附棉片的超强吸附力对泄漏品进行快速吸收，对于大量的泄漏则使用吸附棉枕进行快速吸附；在粗吸收处理后，对于残留液体，再使用吸附棉片完成最后的完全吸收处理。对于有害有毒废弃物，应采用适当的方法转移至适合的容器中存放，待进一步转运至应急处理桶中，如图 9-8 所示。

图 9-8　使用吸附棉条和吸附棉枕清理泄漏的化学品

（五）泄漏处理物及有害物料的处理及转运

取出防化垃圾袋，将所有用过的吸附棉片、吸附棉条、吸附棉枕、粘稠的液体或固体及其他杂质，分别清理到防化垃圾袋里，扎好袋口，必要时按当地的规定在垃圾袋附加特殊说明标贴。垃圾袋废弃物或有害物料盛装容器需转移放入泄漏应急处理桶，在密封处理后转运给专业的废弃物处理公司处理。

（六）消除污染

有害物料与泄漏处理物运用泄漏应急处理桶处理后，依照当地的规定，对个人防护设备等进行消毒处理，防止二次污染。泄漏应急处理桶可以在处理清洗干净后，重新使用。

（七）泄漏处理报告

完成泄漏事件处理报告，报备上级管理部门。

主要参考文献

吕明泉，王能东，徐炬峰．化学实验室安全操作指南［M］．北京：北京大学出版社，2020．

北京大学化学与分子工程学院实验室安全技术教学组．化学实验室安全知识教程［M］．北京：北京大学出版社，2018．

鲁登福，朱启军，龚跃法．化学实验室安全与操作规范［M］．武汉：华中科技大学出版社，2021．

赵华绒，方文军，王国平．化学实验室安全与环保手册［M］．北京：化学工业出版社，2013．

周长江．危险化学品安全技术管理［M］．北京：中国石化出版社，2018．

何晋浙．高校实验室安全管理与技术［M］．北京：中国质检出版社，2009．

林锦明．化学实验室工作手册［M］．上海：第二军医大学出版社，2016．

胡洪超，蒋旭红，舒绪刚．实验室安全教程［M］．北京：化学工业出版社，2021．